W0084330

*Josie Jeffery*

# Pflanzensamen

## Sammeln, trocknen, tauschen

Josie Jeffery

# Pflanzensamen

## Sammeln, trocknen, tauschen

DORLING KINDERSLEY

**DORLING KINDERSLEY**
London, New York, Melbourne,
München und Delhi

**Cheflektorat** Susan Kelly
**Lektorat** Jayne Ansell
**Projektbetreuung** Susie Behar
**Redaktion** Monica Perdoni
**Gestaltung und Satz** James Lawrence, Clare Barber
**Creative Director** Peter Bridgewater
**Illustrationen** Joanna Kerr, Julie Payne

Für die deutsche Ausgabe:
**Programmleitung** Monika Schlitzer
**Projektbetreuung** Gabriele Kalmbach, Manuela Stern
**Herstellungsleitung** Dorothee Whittaker
**Herstellung** Kim Weghorn
**Covergestaltung** Uwe Müller

Bibliografische Information der Deutschen Bibliothek
Die Deutsche Bibliothek verzeichnet diese
Publikation in der Deutschen Nationalbibliografie;
detaillierte bibliografische Daten sind im
Internet über http://dnb.ddb.de abrufbar.

Titel der englischen Originalausgabe:
Seedswap
© Ivy Press Limited 2012
Leaping Hare Press
210 High Street
Lewes
East Sussex BN7 2NS
www.leapingharepress.co.uk

© der deutschsprachigen Ausgabe by
Dorling Kindersley Verlag GmbH, München, 2013
Alle deutschsprachigen Rechte vorbehalten

**Übersetzung** Eva Sixt
**Lektorat** Agnes Pahler

ISBN 978-3-8310-2355-4

Colour reproduction by Ivy Press Reprographics
Printed and bound in China

Besuchen Sie uns im Internet
www.dorlingkindersley.de

Hinweis
Die Informationen und Ratschläge in diesem Buch sind von den
Autoren und vom Verlag sorgfältig erwogen und geprüft, dennoch
kann eine Garantie nicht übernommen werden.
Eine Haftung der Autoren bzw. des Verlags und seiner Beauftragten
für Personen-, Sach- und Vermögensschäden ist ausgeschlossen.

# Inhalt

Vorwort  6

Einführung  8

**KAPITEL 1**
Samen tauschen  11

**KAPITEL 2**
Biologie von Samen  23

**KAPITEL 3**
Vorteile von Samentausch  31

**KAPITEL 4**
Saatgut beschaffen und bewahren  37

**KAPITEL 5**
Samenbanken  47

**KAPITEL 6**
Eine eigene Samenbank  53

**KAPITEL 7**
Pflanzen aus Samen ziehen  57

**STECKBRIEFE  67**

Fragen und Antworten  122

Saatgut-Bibliotheken  123

Glossar  124

Register  126

Dank und Bildnachweis  128

# *Vorwort*

Leicht vergisst man, welche Wunder die Natur vollbringt. Das englische Märchen von Jack und der Bohnenranke haben schon Generationen von Eltern ihren Kindern vorgelesen. Es handelt vom Kreislauf der Natur und bringt jedes Kind unweigerlich zum Staunen. Wie kann es möglich sein, dass ein kleiner Bohnenkeimling bis in den Himmel emporwächst?

Als Gärtner und Bewahrer von Saatgut ist es für mich selbstverständlich, dass ein winziger Tomatensame mit weniger als drei Millimetern Durchmesser innerhalb von zwei Monaten eine Pflanze von einem Meter Höhe und Ausbreitung hervorbringt, die köstliche, sonnengereifte Tomaten trägt.

Für viele Erwachsene, unter ihnen auch Hobbygärtner, gehören die Aussaat von Pflanzen und mehr noch das Gewinnen von Saatgut zu den schwarzen Künsten. Ehrfürchtig begegnen sie denjenigen, die über solche Fähigkeiten verfügen. Dieses Buch bereitet diesen Märchen ein Ende und zeigt, wie jeder umsichtige Hobbygärtner Saatgut ernten und wieder aussäen kann. Die Gewinnung, Lagerung und Aussaat erfordert Sorgfalt. Das Buch beschreibt alle drei Schritte. Außerdem stellt es viele Pflanzen vor, von denen Sie Samen gewinnen können.

Die Ernte und Aussaat von Pflanzensamen ist nur Teil einer viel größeren Nachhaltigkeitsbewegung. Es gilt, global zu denken und lokal zu handeln. Seit wir uns von Jäger- und Sammlerkulturen zu Ackerbauern entwickelt haben, sind wir auf eine zuverlässige Versorgung mit Nahrungsmitteln angewiesen. Dazu gehört es, die ertragreichsten und verlässlichsten Sorten von Kulturpflanzen zu erhalten.

Für multinationale Konzerne, die Nahrungsmittel in großem Stil importieren und exportieren, ist es wichtig, dass Obst und Gemüse leicht zu transportieren und lange haltbar ist und im Laden zu jeder Jahreszeit appetitlich aussieht. Diese Konzerne haben oft das Monopol auf bestimmtes Saatgut, das man ausschließlich bei ihnen kaufen kann (das gilt beispielsweise für F1-Hybridsamen). Für solche Konzerne ist es nicht wirtschaftlich, das Saatgut vielfältiger Pflanzen anzubieten, die sich im Lauf der Zeit an die Umwelt in einer bestimmten Region angepasst haben.

Es bereitet viel Vergnügen, Samen zu ernten und mit Gleichgesinnten auszutauschen. Im englischen Brighton findet seit über zehn Jahren am ersten Sonntag im Februar der »Seedy Sunday« statt. Auch in Deutschland, Österreich und der Schweiz sind Samentauschbörsen mittlerweile sehr beliebt bei Hobbygärtnern, die ökologisch denken und handeln, Naturschützern, Saatgut-Aktivisten und Betreibern von interkulturellen, städtischen Gärten.

In diesem Buch zu blättern, macht hoffentlich Spaß. Es dient zudem als wertvolle Informationsquelle für all diejenigen, die ihr eigenes Saatgut ernten, wieder aussäen und mit Freunden und Bekannten tauschen wollen.

*Alan Phillips*

VORSITZENDER DES »SEEDY SUNDAY« IN BRIGHTON

# Einführung

Die ersten Tauschbörsen, an denen ich teilnahm, fanden im Pausenhof meiner Schule statt. Hier wechselten Bilder von Dinosauriern, Raumfähren oder berühmten Fußballspielern den Besitzer. Es galt, eine komplette Sammlung oder das seltenste Bild zu ergattern – in meinem Fall das Spaceshuttle. Ein Same ist dem Spaceshuttle nicht unähnlich: Er ist eine Kapsel, die Leben durch Raum und Zeit beschützt und bewahrt, oft unter feindlichen Bedingungen. Alles Überlebenswichtige befindet sich an Bord.

Das Tauschen von Saatgut kam mir nicht in den Sinn, bis ich in den Royal Botanic Gardens in Kew eine gärtnerische Ausbildung begann. Seit der Gründung im Jahr 1759 sammelt man in Kew Samen und tauscht sie mit anderen Gärtnern und Wissenschaftlern aus. In den frühen Jahren, im Zeitalter der Entdeckungen, trafen in Kew wahre Wunder aus allen damals bekannten Teilen der Welt ein. Während der nächsten 200 Jahre trug Kew dazu bei, dass Pflanzensamen in alle Regionen der Erde gelangten. Damit verbreiteten sich Kulturpflanzen als Lieferanten von Nahrungsmitteln, Getränken, Pflanzenfasern und Arzneimitteln.

Wie wichtig Pflanzensamen für den Natur- und Umweltschutz sind, erkannte man in den 1970er-Jahren. In Wakehurst Place in Kew startete ein neues Forschungsprogramm. Zunächst bestand das Team aus einem Wissenschaftler, einem technischen Mitarbeiter und einem jungen Doktoranden. Heute, etwa vierzig Jahre später, ist daraus eines der weltweit größten Pflanzenschutzprojekte geworden. Samen von 11 Prozent aller Pflanzen weltweit werden in der Millennium Seed Bank gelagert. Im Rahmen des Programms wurden weitere Saatgut-Banken gegründet, die heute ein globales Netzwerk bilden. Ziel bis zum Jahr 2020 ist es, das Saatgut von 25 Prozent aller Samenpflanzen der Erde einzulagern.

Die Lagerung der Samen ist nur ein Teil des Schutzes von Arten. Unser Ziel ist es, mit diesen Pflanzen innovative Antworten auf die Herausforderung zu finden, die Menschheit in Zukunft mit ausreichend Nahrung, Kleidung, Arzneimitteln und sauberem Trinkwasser zu versorgen. Dafür müssen wir das Saatgut am Leben erhalten und bereit sein, es jedem, der es braucht, zur Verfügung zu stellen.

Meine eigene Forschung an einer der seltensten Baum-Arten Großbritanniens, der Birne *Pyrus cordata*, hat gezeigt, dass man sie in Zuchtprogrammen mit gängigen Birnensorten kreuzen kann, um deren Resistenz gegenüber Krankheiten und die Trockenheitstoleranz zu erhöhen. In freier Natur vorkommende Verwandte von Kulturpflanzen besitzen oft Eigenschaften, mithilfe derer sich die Erträge von Kulturpflanzen steigern lassen. Getreide-Arten mit einer höheren Salztoleranz zu züchten, ist eine wirkliche Herausfor-derung für die Zukunft, denn in einigen »Kornkammern« der Erde werden wir solche Sorten brauchen. Möglicherweise verfügen bestimmte Wildpflanzen über die nötige Salztoleranz. Die Millennium Seed Bank in Kew stellt einen Teil einer weltweiten Partnerschaft dar. Das Ziel besteht darin, in der Natur vorkommende Verwandte unserer Kulturpflanzen zu sammeln und zu bewahren. Für interessierte Leser haben wir die Geschichte der Millenium Seed Bank im Buch »The Last Great Plant Hunt« veröffentlicht. Dort wird das wissenschaftliche Projekt auch für Laien verständlich erklärt.

In Zentralafrika habe ich während einer verheerenden Dürre selbst erlebt, wie abhängig die Menschen, ihre Nutztiere und alle wild leben-den Tiere von den Wildpflanzen

sind. Ich bin überzeugt, dass es für unser künftiges Überleben notwendig ist, ihre Samen zu erhalten. Wenn wieder günstigere Bedingungen vorherrschen, kann das Saatgut verteilt und ausgesät werden, sodass die Menschen der Region die Dürre überstehen.

Wahrscheinlich ist es übertrieben, davon zu träumen, dass Kinder eines Tages auf dem Schulhof Saatgut tauschen werden. Samen sind nicht so furchterregend wie *Tyrannosaurus rex* oder so niedlich wie die Pokemon-Figuren. Für mich bedeutet das Tauschen von Saatgut aber Vorfreude und Vergnügen. Bei der Aussaat denke ich an andere von dieser Idee begeisterte Menschen, die mit einem Leuchten in den Augen die Samen ihrer schönsten Pflanzen teilen. Ich hoffe, dass eine nächste Generation von »Saatgut-Bewahrern« heranwächst und dieses Buch sie auf den Pfad der Entdeckungen lockt.

*Andy Jackson*
LEITER VON WAKEHURST PLACE,
ROYAL BOTANIC GARDENS, KEW

# SAMEN TAUSCHEN

# WAS IST SAMENTAUSCH?

Zum Tauschen von Pflanzensamen gehört, sich am Ort, in einer Gruppe oder in einem Verein zu engagieren und mit Freunden, Nachbarn und Gleichgesinnten Wissen und Ideen auszutauschen. Gleichzeitig trägt man dazu bei, das Erbgut bestimmter Pflanzen zu erhalten und weiterzugeben.

In diesem Buch geht es darum, welche Pflanzensamen man sammeln und bewahren sollte und mit wem Sie Ihr Saatgut austauschen können. Sie erhalten eine Einführung in die weltweite Kampagne »Save our Seeds«. Die Arbeit von Menschen und Gruppen, die sich innerhalb dieser Bewegung engagieren, wird vorgestellt. Außerdem bekommen Sie Einblicke in die Arbeitsweise der großen Saatgutkonzerne und erfahren, welche Auswirkungen dies auf die Vielfalt unserer Kulturpflanzen hat. Sie erfahren, was Saatgut-Sammlungen und Samenbanken leisten und finden Anleitungen, wie man Saatgut gewinnt, reinigt, aufbewahrt und wieder zum Keimen bringt. Im zweiten Teil werden Pflanzen vorgestellt, die Sie aus selbst gesammelten Samen ziehen können.

Mir hat es während meiner gärtnerischen Tätigkeit immer Spaß gemacht, Samen abzunehmen. Es gehört für mich zu den spannendsten Aufgaben des Gärtnerns und bildet den Abschluss des Gartenjahres. Mir macht es Freude, die Samen aus meinem Garten mit Freunden und Gleichgesinnten zu teilen.

OBEN  Das Sammeln von Saatgut im eigenen Garten macht nicht nur Spaß, sondern auch Sinn.

»Unser Saatgut zu bewahren ist unsere Pflicht gegenüber der Erde und künftigen Generationen.«

DR. VANDANA SHIVA, GRÜNDERIN VON NAVDANYA, 2005

## WARUM SAATGUT TAUSCHEN?

Beim Tauschen von Samen wird überschüssiges Saatgut an andere weitergegeben. Samentauschbörsen sind meistens organisierte Treffen für erfahrene Gärtner und Neulinge. Die Teilnehmer tauschen ihr Saatgut und ihr Wissen in einem öffentlichen Gebäude, im Haus eines Teilnehmers oder über eine Ringverteilung im Internet aus.

Weil die Lebenshaltungskosten ständig steigen, sind Samentauschbörsen eine großartige Möglichkeit, das Gärtnern und die Kultur von Obst und Gemüse nachhaltiger zu gestalten. Tauschbörsen haben viele Vorteile: Sie brauchen das Saatgut nicht zu kaufen, können Ihre Nahrungsmittel selbst anbauen und tragen zum Erhalt seltener Pflanzenarten und -sorten sowie zur genetischen Vielfalt bei. Außerdem erfahren Sie, wie in anderen Kulturen Pflanzen angebaut und verarbeitet werden. Samen sind in der Lage, große Entfernungen zurückzulegen. So gelangten etliche Kulturpflanzen in fast alle Regionen der Erde.

**OBEN UND UNTEN** Tauschbörsen für Saatgut werden immer beliebter und bieten Interessierten eine wunderbare Gelegenheit, neue Samen zu bekommen und Gleichgesinnte zu treffen.

Durch Tausch erworbenes Saatgut erhöht die Pflanzenvielfalt im Garten. Bei Tauschbörsen werden auch Erfahrungen und Tipps ausgetauscht: Was funktioniert im Klima Ihrer Gegend und was nicht? Außerdem entdecken Sie sehr wahrscheinlich neue und interessante Pflanzen. Die Idee des Samentauschs zielt auf die Unabhängigkeit von großen Saatgutkonzernen ab, die dazu neigen zu bestimmen, welches Saatgut in den Handel kommt.

Zwar hat das Tauschen von Saatgut eine lange Tradition, die weltweite Bewegung von Saatgut-Aktivisten gründete sich aber erst 1990. Menschen treffen sich, um Saatgut und ihre Gartengeschichten auszutauschen. Erfahrene Gärtner gewinnen Saatgut, um es bei Tauschbörsen gegen die Samen anderer interessanter Pflanzen einzutauschen. Doch auch bei Neugierigen mit wenig gärtnerischer Erfahrung werden solche Veranstaltungen immer beliebter.

> *Samen sind in gewisser Weise Koffer, in denen Menschen ihre Kultur mit sich nehmen können ... Viele Familien haben ihr bevorzugtes Saatgut ungeheuer weit transportiert.*

MIKE SZUBERLA, ORGANISATOR EINER SAMENTAUSCHBÖRSE IN TOLEDO, OHIO

## MACHEN SIE MIT!

Heute finden weltweit Tauschbörsen für Saatgut statt. Wenn Sie sich dafür interessieren, dann informieren Sie sich bei einschlägigen Initiativen oder Organisationen, bei Gartenbauvereinen oder im Internet.

### NEHMEN SIE AN EINER TAUSCHBÖRSE TEIL

Im Internet finden Sie jede Menge Informationen zu Samentauschbörsen. Am besten ist es, wenn die Tauschbörse in der Nähe stattfindet, denn dann finden Sie mit höherer Wahrscheinlichkeit Pflanzen, die in der Gegend gedeihen.

### ORGANISIEREN SIE EINE RINGVERTEILUNG

Bei einer Ringverteilung im Internet sparen Sie die Miete für einen Raum, in dem die Tauschbörse stattfinden könnte.

- **Sammeln Sie** die Namen von Menschen, die am Samentausch teilnehmen möchten und schicken Sie diese Liste an alle Teilnehmer.
- **Füllen Sie** ein Päckchen mit mehreren Tüten, die Ihre überschüssigen Samen enthalten. Schicken Sie es zum Nächsten auf der Liste.
- **Der Empfänger** nimmt dann eine Samentüte aus dem Päckchen und ersetzt sie durch neue Samen.
- **Das Päckchen** wird zur nächsten Person auf der Liste geschickt, die wieder eine Samentüte entnimmt und sie ersetzt.
- **So geht es weiter** bis zur letzten Person auf der Liste, die das Päckchen (es sollte jetzt eine ganz andere Samenmischung enthalten) wieder zurück zum Organisator schickt.

**OBEN** Schauen Sie sich genau um! Es warten ungeahnte Entdeckungen.

KLEINER WIESENKNOPF

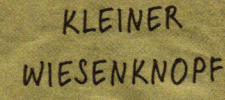

**LINKS** Schreiben Sie nützliche Informationen zur Pflanze auf die Samentüte.

## TAUSCHKREIS

Bei einem Tauschkreis tragen sich Freunde oder Nachbarn in eine Liste ein. Jeder der Teilnehmer erntet die Samen von ein oder zwei Arten bzw. Sorten. Am Ende des Gartenjahres behält jeder das Saatgut, das er selbst braucht. Die überschüssigen Samen werden mit den Mitgliedern des Kreises ausgetauscht.

Es ist wirklich leicht, einen Tauschkreis zu organisieren. Zu Anfang brauchen Sie nur Folgendes:

- **Einen Organisator** – Sie!
- **Eine Gruppe von Teilnehmern** – egal, ob groß oder klein.
- **Eine Liste,** in die jeder Teilnehmer einträgt, wie man ihn erreichen kann.
- **Ein Informationsblatt** mit wichtigen Tipps zur Gewinnung und Aufbewahrung von Saatgut und mit Ihrer Kontaktadresse.
- **Ein wenig Zeit,** um sich zu erkundigen, wie die Teilnehmer zurechtkommen.
- **Frisches Saatgut von guter Qualität (keine Hybridsamen)** – nun kann es losgehen!

**OBEN** Prüfen Sie vor dem Tauschen sorgfältig, ob Ihre Samen frisch und gesund sind.

**UNTEN** Füllen Sie die Samen in kleine, beschriftete Briefumschläge oder selbst geklebte Samentüten.

## EHRENSACHE!

Die folgenden Punkte sollten Sie beachten, wenn Sie an einer Samentauschbörse teilnehmen:

### 1. GEEIGNETE PFLANZEN
Bieten Sie kein Saatgut invasiver Pflanzen an, die sich stark ausbreiten. Es muss sich außerdem um Arten und Sorten mit offener Bestäubung handeln (siehe S. 18).

### 2. ALTER DES SAATGUTS
Das Saatgut von Gemüsesorten sollte nicht älter als zwei Jahre, sorgfältig getrocknet und gelagert worden sein.

### 3. VERPACKUNG UND BESCHRIFTUNG
Es macht Spaß, das eigene Saatgut zu verpacken und zu beschriften. Denken Sie an wichtige Informationen, wie Datum, Pflanzenname (den deutschen und den wissenschaftlichen), Höhe, Ausbreitung und eine Anleitung zur Kultur.

### 4. ORGANISATION
Sie sollten die Samen in Schachteln auslegen, die mit dem Typ (wie Baum, Kletter- oder Gemüsepflanze) beschriftet sind.

### Tipp
Fangen Sie mit Gemüse- und Blumensorten an, die Sie selbst mögen. Sie können auch mit den Mitgliedern der Gruppe besprechen, wer gern welche Samen hätte.

# EINE WELTWEITE BEWEGUNG

Die Saatgut-Kampagne ist eine weltweite Bewegung von Bauern, die ihr Recht einfordern, Saatgut selbst zu ernten und weiterzugeben, statt es bei Saatgutkonzernen zu kaufen. Einige Saatgutkonzerne züchten Pflanzensorten, deren Samen nicht keimen. Bauern und Gärtner sind deshalb gezwungen, immer wieder neues Saatgut zu kaufen.

## IDEEN UND AKTIVITÄTEN

### SAMENTAUSCHBÖRSEN

Den Anstoß zu dieser fundamentalen Bewegung gab die kanadische Anti-Gentechnik-Kampagne. Sie organisierte die erste regelmäßig stattfindende Samentauschbörse. Im englischen Brighton findet seit mittlerweile zwölf Jahren jeden Februar der »Seedy Sunday« statt. Auch in Deutschland, Österreich und der Schweiz organisieren unterschiedliche Gruppierungen, wie Garteninitiativen, Gartenbauvereine, einschlägige Organisationen, Stiftungen und Privatpersonen, Samentauschbörsen. Informieren Sie sich bei Projekten in Ihrer Region und im Internet.

### SAMENBOMBEN

An dieser Stelle müssen die Samenbomben erwähnt werden, die sich zunehmender Beliebtheit erfreuen. Sogenannte Guerilla-Gärtner verschönern öffentliche Flächen in Städten, indem sie dort Bälle aus Ton, Erde und den Samen einheimischer Wildblumen verteilen.

### EINE ENGAGIERTE VORKÄMPFERIN

Die Gründerin der Organisation Navdanya, Dr. Vandana Shiva, (siehe S. 51), ist Wissenschaftlerin, Umweltschützerin und Visionärin. Sie setzt sich für Saatgut-Souveränität ein. Ihre Kampagnen richten sich gegen große Saatgutkonzerne, die gentechnisch verändertes Saatgut von Sorten auf den Markt bringen, welche lebensunfähige Samen bilden. Bauern können solches Saatgut im nächsten Jahr nicht wieder aussäen. Dr. Shiva ist der Meinung, dass der freie Austauch von Saatgut zwischen Bauern und Gärtnern zum Erhalt der Biodiversität beiträgt und jahrhundertealtes Wissen bewahrt. Ihre Arbeit gab den Anstoß zur Gründung von Saatgut-Bibliotheken auf der ganzen Erde.

OBEN Eine Samenbombe besteht aus Samen, Ton und Erde. Mit ihr lassen sich unattraktive, kahle Flächen in der Stadt wunderbar begrünen.

RECHTS Leidenschaftlich setzt sich Dr. Vandana Shiva für das Bewahren von Saatgut ein. 1993 wurde ihr der Alternative Nobelpreis verliehen.

OBEN Mittlerweile finden in vielen Ländern der Erde Samentauschbörsen statt.

## SAATGUT-BIBLIOTHEKEN

Aus Saatgut-Bibliotheken kann man Saatgut entleihen, während Samenbanken in erster Linie der Bewahrung des Saatguts dienen. Saatgut-Bibliotheken wurden von Gemeinschaften und Einzelnen gegründet, die eine Unabhängigkeit von Saatgutkonzernen schaffen wollen und sich für den Erhalt der Biodiversität einsetzen.

Saatgut-Bibliotheken funktionieren ähnlich wie Leihbibliotheken für Bücher und andere Medien: Das eingelagerte Saatgut kann entliehen werden, um es auszusäen. Ein Teil der Samen, die sich an den Pflanzen bilden, geht später wieder in die Bibliothek zurück.

## GRÜNDEN SIE EINE SAATGUT-BIBLIOTHEK

Wenn Sie Ihre eigene Saatgut-Bibliothek gründen wollen, versuchen Sie es mit folgenden Schritten. Siehe auch Kapitel 6.

**1. Gründen Sie eine Gruppe Gleichgesinnter** Suchen Sie in Ihrer Region oder auch über das Internet.

**2. Finden Sie eine Räumlichkeit** Ein viel besuchter Ort, etwa eine Bücherei oder ein öffentlicher Raum, ist gut geeignet.

**3. Beschaffen Sie Kühlschränke** In einem überflüssigen Kühlschrank können Sie das Saatgut aufbewahren.

**4. Bitten Sie um Spenden** Schreiben Sie zum Beispiel ökologisch engagierte Samenhändler in Ihrer Region an.

**5. Machen Sie Werbung** Geben Sie eine Sammelstelle für das Saatgut bekannt und werben Sie um Saatgut-Spenden. Erklären Sie genau, welche Samen für Ihr Projekt geeignet sind.

**6. Weitere Utensilien** Sammeln Sie Briefumschläge, Stempel, um Saatgut zu kennzeichnen oder auszusortieren und Etiketten. Legen Sie eine Datenbank mit allen Teilnehmern an.

**7. Bringen Sie ein Schild an** Fertigen Sie mit wiederverwendeten Materialien ein auffälliges Schild für Ihre Saatgut-Bibliothek an.

**8. Informieren Sie neue Interessenten** Machen Sie Ihr Projekt mit Flugblättern, Postern, einer Webseite oder über soziale Netzwerke bekannt.

»Samen sind das erste Glied in jeder Nahrungskette und kleine Speicher für unsere Kultur und Geschichte. Wir haben das Recht, sie zu bewahren und miteinander zu teilen.«

DR. VANDANA SHIVA (WWW.NAVDANYA.ORG)

# ALTE SORTEN UND HYBRIDSAMEN

Pflanzen passen sich im Zuge der Evolution an das Überleben in einer Umwelt an, die sich ständig verändert. In der Natur geschieht das allmählich, wenn sich das Klima verändert oder Bedrohungen wie neue Krankheiten auftreten. Wir Menschen können diese Prozesse heute stark beschleunigen.

## SAMEN ALTER SORTEN

Als alte Sorten bezeichnet man Kulturpflanzen-Sorten, die bereits seit vielen Generationen angepflanzt werden. Ihre Samen werden durch konventionelle Zucht samenfest erhalten. Im Handel sind diese Sorten oft schwer oder gar nicht erhältlich, denn sie gelten als wirtschaftlich unbedeutend. Einige alte Sorten werden seit Jahrhunderten kultiviert. Besonders wuchskräftige Sorten oder solche mit sehr schmackhaften bzw. schön gefärbten Früchten haben eine bessere Überlebenschance. Manche sind wenig widerstandsfähig gegenüber Schädlingen und Krankheiten. Ihrer genetischen Vielfalt wegen sind alte Sorten für die Pflanzenzüchtung der Zukunft jedoch sehr wertvoll. Alle alten Sorten sind offen bestäubt.

## WAS IST »OFFEN BESTÄUBT«?

Die Blüten werden durch den Wind und durch Insekten bestäubt. Die Nachkommen haben gleiche Eigenschaften wie die Eltern. Offen bestäubte Pflanzen kreuzen sich allerdings mit nah verwandten Pflanzen. Die Nachkommen haben dann andere Merkmale. Ein Beispiel: Wenn sich eine Chili- mit einer Paprika-Pflanze kreuzt, unterscheidet sich die nächste Pflanzengeneration deutlich von den beiden Elternpflanzen. Offen bestäubte Pflanzen sind oft gut an das lokale Klima angepasst. Sie eignen sich für die Saatgutgewinnung am besten. Bei den meisten Samentauschbörsen werden nur ihre Samen akzeptiert.

## VORTEILE

- Die Pflanzen bilden Samen, die im nächsten Jahr wieder ausgesät werden können.
- Stabile Merkmale werden von einer Pflanzengeneration zur nächsten weitergegeben.
- Alte Kulturpflanzen und ein größerer Genpool für die Pflanzenzüchtung der Zukunft bleiben erhalten.
- Die Früchte reifen meist über einen längeren Zeitraum und stehen deshalb länger zur Verfügung.
- Oft sind Geschmack und Struktur besser.

## NACHTEILE

- Die Sorten bestäuben sich selbst und andere Sorten, was zu einem Verlust bestimmter Merkmale führen kann. Sie müssen eingreifen, um das zu verhindern (mit Käfigen oder Isolation, siehe S. 42), um samenfestes Saatgut zu gewinnen.
- Im Lauf der Zeit kann »genetische Drift« stattfinden: Die Sorte weicht zu weit von ihrem Standard ab. Entfernen Sie solche Pflanzen, damit sie andere Pflanzen nicht bestäuben und zu viel Variation erzeugen.

## HYBRIDSAATGUT

Charles Darwin erkannte als Erster, dass Pflanzen sich im Lauf der Zeit verändern und anpassen, um zu überleben. Merkmale, die sich bei den vorherrschenden Umweltbedingungen als vorteilhaft erweisen, werden häufiger an die Nachkommen weitergegeben. Diesen Prozess bezeichnet man als natürliche Selektion. Bereits vor Darwin wählten Bauern die Samen ihrer besten Pflanzen gezielt aus, im Lauf der Zeit entstanden auf diese Weise die Kulturpflanzen. Amerikanische Indianervölker zum Beispiel wählten Maispflanzen mit den größten Ähren aus, um deren Körner im nächsten Jahr wieder auszusäen. In den USA kreuzten in den 1930er-Jahren Farmer im Mittleren Westen verschiedene Maissorten. Die Körner der Kreuzungen waren die ersten Hybridsamen, die in den USA in großen Mengen auf den Markt kamen. Hybridisierung kommt auch in der Natur vor. Man kann dies beobachten, wenn zwei Pflanzenarten zusammengebracht werden, die zuvor voneinander isoliert vorkamen.

Heute ist es in der Pflanzenzüchtung eine übliche Praxis, zwei Sorten zu kreuzen, um Nachkommen mit möglichst vorteilhaften Eigenschaften zu erhalten. Die Hybriden der ersten Generation bezeichnet man als F1-Hybriden. Das Kürzel steht für die erste Nachkommengeneration von zwei Elternlinien (F für lateinisch filia = Tochter). F1-Samen sind »Supersamen« mit bestimmten erwünschten Eigenschaften beider Eltern. Eine F1-Tomatenhybride kann zum Beispiel früh im Jahr fruchten wie eine der Elternpflanzen und die Krankheitsresistenz der zweiten Elternpflanze zeigen.

Viele Gemüse-Arten, wie Auberginen, Tomaten, Melonen und Paprika, sind die Früchte von F1-Hybriden. Diese Sorten werden oft so gezüchtet, dass sie ertragreich sind und die langen Transportwege zu den Supermärkten gut überstehen. Geschmack und Vielfalt stellen häufig zweitrangige Anliegen dar.

RECHTS Mais, ein Grundnahrungsmittel der Menschheit, war die erste Kulturpflanze, von der Hybridsaatgut auf den Markt kam.

## VORTEILE

- Größere Anpassungsfähigkeit bei schwierigen Umweltbedingungen
- Die Pflanzen sind einheitlicher und liefern höhere Erträge.
- Bessere Widerstandsfähigkeit gegenüber Krankheiten und Schädlingen
- Größere Überlebensrate der Keimlinge

## NACHTEILE

- Es können keine Samen für die Aussaat im nächsten Jahr gewonnen werden, denn die Nachkommen besitzen andere Eigenschaften.
- Die Beliebtheit solcher Sorten trägt zum Aussterben alter Sorten bei.
- Mangel an genetischer Vielfalt
- Oft schmecken Früchte von F1-Hybriden fade im Vergleich zu denen alter Sorten.
- Die Saatgutproduktion ist kostenintensiv und zeitaufwendig. Deshalb ist das Saatgut teuer.
- Weil alle Pflanzen sehr einheitlich sind, können bei der Ernte im Garten Überschüsse anfallen, denn alle Früchte reifen zur gleichen Zeit.

# GENTECHNIK

Gentechnisch verändertes Saatgut bildet sich an einer Pflanze, deren erbliche Merkmale durch das Einschleusen eines manipulierten Gens oder eines Gens eines anderen Organismus verändert wurden. Diese moderne Form der Pflanzenzüchtung umgeht die traditionellen Methoden.

## UMSTRITTENES SAATGUT

Zwar gibt es unterschiedliche gentechnische Methoden, das Ziel ist aber immer das gleiche: Bereits vorhandene erwünschte Merkmale sollen verstärkt und neue Merkmale in die Pflanze eingebracht werden.

Manche Wissenschaftler sind der Meinung, dass genmanipulierte Nutzpflanzen dazu beitragen können, Hungerkatastrophen zu verhindern. Erzeugt man robuste Pflanzen, verringert sich das Risiko von Missernten. Theoretisch arbeitet die Gentechnik schnell und präzise. Wenn man beispielsweise ein Gen identifizieren kann, das für Trockenheitstoleranz verantwortlich ist und es modifiziert, kann man es in eine andere Pflanze einschleusen.

Auch Gene nicht pflanzlicher Organismen können übertragen werden. Ein Beispiel ist das Einschleusen modifizierter Gene des Bodenbakteriums Bacillus thuringiensis in Mais. Diese Gene bewirken, dass die Maispflanzen Proteine bilden, die für eine Raupenart, die sich von Mais ernährt, tödlich sind. Mais von Pflanzen mit den Bacillus-thuringiensis-Genen gilt als unbedenklich für den menschlichen Verzehr. Der Anbau schädigt die Umwelt offenbar nicht, aber die Diskussion darüber dauert noch an.

Viele Menschen lehnen gentechnisch veränderte Nahrungsmittel strikt ab, unter ihnen Naturschützer, Mitglieder bestimmter Religionsgemeinschaften und Wissenschaftler. Theoretisch könnte mit den Methoden der Gentechnik viel Gutes geschehen, wie die Verbesserung der Nahrungsmittelversorgung und eine Verminderung des Einsatzes von Pestiziden. Es sind aber auch die Risiken für die Umwelt und unsere Gesundheit sowie wirtschaftliche und politische Interessen zu bedenken.

## RISIKEN

- Verbindungen, die von manipulierten Genen gebildet werden, könnten unerwartete Auswirkungen auf andere Lebewesen haben, auch auf Menschen. In den USA z. B. ist Pollen von Bt-Mais wohl die Ursache, dass nicht nur Schädlinge, sondern auch Raupen von Monarchfaltern sterben.

- Gentechnisch veränderte Pflanzen könnten neuartige Allergene bilden. Ein Versuch, die Eigenschaften von Sojabohnen zu verbessern, indem man ein Gen des Paranussbaums einschleuste, wurde abgebrochen, weil manche Menschen allergisch auf die veränderten Bohnen reagierten.

- Genmanipulierte Nutzpflanzen können verwandte Wildpflanzen bestäuben. Dies könnte möglicherweise zu einer Kontamination führen. Wenn sich z. B. Pflanzen mit einem Gen für Herbizidresistenz mit Wildpflanzen kreuzen, könnten eventuell herbizidresistente »Superunkräuter« entstehen.

## GROSSE SAATGUTKONZERNE

Die meisten Samen werden von Herstellern erzeugt, die sich auf wenige Sorten spezialisiert haben. Viele multinationale Saatgutkonzerne sind an der Gentechnik interessiert, weil gentechnisch verändertes Saatgut patentiert werden kann. So lässt sich der Markt besser kontrollieren. Viele Bauern und Gärtner fordern ihr Recht ein, Sorten anzubauen, von denen sie selbst Samen gewinnen können.

Die großen Agrarkonzerne beherrschen weltweit schon knapp 70 % des Saatgutmarkts, und unter Bauern und Naturschützern geht die Sorge um, dass diese Dominanz industriellen Saatguts zu einer massiven Reduktion der Pflanzenvielfalt führt. Eine umstrittene EU-Richtlinie von 2008 sah vor, dass alle Saatgutsorten erst nach einem aufwendigen Zulassungsverfahren in den Handel gelangen dürfen. Der Europäische Gerichtshof (EuGH) entschied 2012, dass Europas Bauern auch weiterhin Saatgut aus alten, amtlich nicht zugelassenen Pflanzensorten selbst herstellen und vermarkten dürfen. Gebündelt wird das Engagement gegen Gentechnik und für Biodiversität etwa von der Saatgutkampagne »Zukunft säen – Vielfalt ernten« (www.saatgutkampagne.org), an der sich neben Landwirten und Verbrauchern auch Bioverbände und Hersteller wie Demeter beteiligen sowie Initiativen wie die Zukunftsstiftung Landwirtschaft (www.zs-l.de) oder die Aktion »Vielfalt erleben« (www.vielfalterleben.info).

**BEIDE BILDER OBEN** Gentechnisch veränderte neue Pflanzen bedrohen die Vielfalt der Kulturpflanzen.

## EIN WERTSIEGEL

### »Wir verbürgen uns dafür, nicht wissentlich gentechnisch veränderte Pflanzen oder Samen zu verkaufen.«

Bevor es große Saatgutkonzerne gab, wählten die meisten Gärtner und Bauern die Samen der gesündesten Pflanzen aus, um sie im folgenden Jahr wieder auszusäen. Dies garantierte, dass sich die Pflanzen an die Krankheiten und Schädlinge in der Region anpassen konnten und sicherte die genetische Vielfalt. Die Bewegung von Landwirten und biologischen Saatgutanbietern auf der ganzen Erde, die sich heute für Saatgut-Souveränität einsetzt, hat die Einführung eines Gütesiegels für Saatgut bewirkt, »The Safe Seed Pledge«. Die Unternehmen, die dieses Siegel führen, sprechen sich gegen gentechnische Veränderungen von Pflanzen aus. Bisher haben sich über 70 Saatgutanbieter zur Einhaltung der Standards verpflichtet (siehe www.councilforresponsiblegenetics.org).

# SAATGUT UND KULTUR

Samen sind wie kleine Koffer, in denen die Geschichte von Evolution und Anbau einer Pflanze aufbewahrt wird. Die einzigartige Küche jeder Kultur hat sich im Lauf von Jahrtausenden entwickelt. Grundlage sind die Nutzpflanzen, die in der Region gedeihen. Ethnobotaniker untersuchen die Beziehungen von Pflanzen, Völkern und Kulturen.

## FRÜHER SAMENTAUSCH

Ethnobotaniker haben viel Wissen darüber zusammengetragen, wie unsere Vorfahren Pflanzen in der Küche und als Heilpflanzen verwendet haben. Kulturpflanzen wurden getauscht, wenn Händler in andere Länder reisten oder Einwanderer sich dort niederließen. Als europäische Eroberer im Jahr 1492 Amerika erreichten, brachten sie Weizen, Zwiebeln, Knoblauch, Weintrauben und auch Kräuter wie Dill und Petersilie mit. Kürbisse, Bohnen, Mais und Kartoffeln gelangten im Gegenzug nach Europa. Manche Samen wurden getauscht und gehandelt, andere unbemerkt verschleppt, versteckt in Winkeln und Ritzen der Schiffe. Wenn Pflanzen in eine neue Region gelangen, besteht immer das Risiko, dass die Neuankömmlinge sich stark ausbreiten, einheimische Pflanzen verdrängen oder Schädlinge und Krankheiten einschleppen. Positiver betrachtet bedeutet es, dass Pflanzen, die einst nur in einer bestimmten Gegend vorkamen, fortan der ganzen Welt gehören.

## PFLANZEN SIND TEIL DER KULTUR

Den typischen Nutzpflanzen unserer Kulturen kommt enorme Bedeutung zu. Ihr Geruch und Geschmack weckt Erinnerungen. Reisende nehmen die traditionellen Nahrungsmittel ihrer Heimat häufig mit, denn sie sind wichtiger Bestandteil ihrer Ernährung und haben oft auch eine spirituelle Bedeutung. Wegen der großen Nachfrage nach traditionellen Lebensmitteln führen viele Märkte und Läden ungewöhnliche und interessante Arten von Getreide, Obst, Gemüse und Gewürzen. Einwanderer müssen deshalb in ihrer neuen Heimat nicht auf ihre gewohnten Gerichte verzichten.

OBEN UND UNTEN Sämereien, Früchte, Gemüse und Gewürze werden oft von anderen Kulturen übernommen und stellen eine Bereicherung dar. Was einst exotisch schien, wird schließlich alltäglich.

# BIOLOGIE VON SAMEN

# SAMEN: BILDUNG, AUFBAU UND VERBREITUNG

Samen sind die Quelle des Lebens und Teil der Ökosysteme. Sie garantieren das Fortbestehen der Samenpflanzen. Zudem sind Sämereien und Früchte Nahrungsquellen für Menschen und Tiere.

Ein Same bildet sich im Fruchtknoten einer Blüte und enthält einen Embryo (die junge Pflanze). Der Embryo ist von Nährgewebe und einer schützenden Samenschale umgeben, die ihn vor dem Austrocknen und vor mechanischen Verletzungen bei der Samenverbreitung schützt.

Eine wesentliche Aufgabe jeder Pflanze ist es, sich fortzupflanzen. Einige Pflanzen können sich vegetativ (ungeschlechtlich) vermehren, indem sie Ableger oder Ausläufer bilden. In den meisten Fällen werden die genetische Vielfalt und der Erfolg einer Art auf lange Sicht aber durch die Bildung von Samen gewährleistet. Sämereien bieten Tieren (und Menschen) Nahrung. Viele Samen kommen nicht zum Keimen, weil sie vorher verzehrt werden. Eine einzige Pflanze bildet deshalb oft Dutzende, Hunderte oder Tausende von Samen.

Damit eine Blütenpflanze Samen bilden kann, muss sie Bestäuber wie Bienen, Schmetterlinge oder kleine Säugetiere bzw. Vögel anlocken.

Insekten übertragen Pollen auf andere Blüten, der diese dann befruchtet. Nur dann können sich im Fruchtknoten Samen bilden. Die Blüte lockt ihre Bestäuber mit bunten Farben und betörenden Düften an; diese werden häufig mit süßem Nektar belohnt.

Wenn Pflanzen außerhalb ihres natürlichen Lebensraums, weit weg von ihren natürlichen Bestäubern, kultiviert werden, müssen Bestäuber eingeführt oder die Blüten von Hand bestäubt werden.

RECHTS Die Lichtnelke lockt mit ihren bunten Blütenblättern bestäubende Insekten an. Die Samenkapsel schwillt an und reift. Dann trocknet sie ein und wird braun. Durch die Öffnung an der Spitze werden kleine dunkle Samen frei, die der Wind verbreitet.

Samen sind unterschiedlich groß und verschieden geformt, je nach der Art ihrer Verbreitung. Viele Samen, die vom Wind verfrachtet werden, besitzen zum Beispiel Flügel oder Borstenbüschel. Andere bilden sich in oder an einer bunten Frucht, die Vögel oder kleine Säugetiere anlockt. Der Same ist die Verbreitungseinheit der Pflanze. Er kann den Verdauungstrakt eines Tiers passieren oder wird vom Wind oder Wasser weggetragen. Seit Jahrtausenden tragen Menschen zur Verbreitung von Samen bei, indem sie Saatgut sammeln, lagern und aussäen. In dieser Tradition steht das Tauschen von Samen.

## DIE SAMENBILDUNG

Bevor sich ein Same bilden kann, muss die Blüte bestäubt werden. Das kann durch den Wind, durch Insekten oder künstlich von Hand geschehen. Eine Blüte hat männliche und weibliche Fortpflanzungsorgane. Die meisten Blüten besitzen beide, manche sind jedoch eingeschlechtig. Die Samenbildung wird auf S. 26 genauer beschreiben.

# BAU DES SAMENS

Hier ist der Aufbau eines typischen Samens dargestellt:

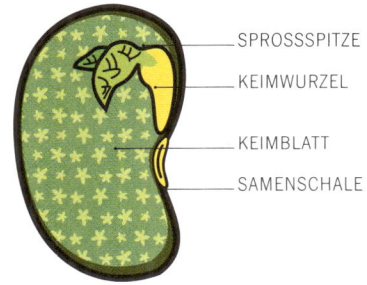

- SPROSSSPITZE
- KEIMWURZEL
- KEIMBLATT
- SAMENSCHALE

## FORTPFLANZUNG

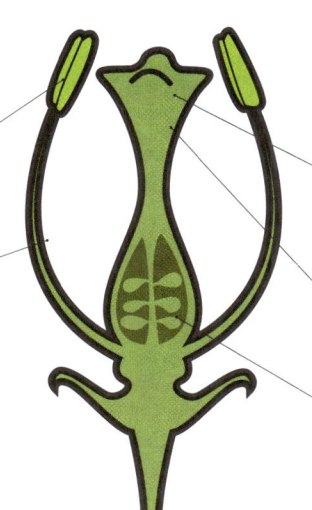

## *Männlich*

Ein Staubblatt (eine Blüte kann viele besitzen) besteht aus Staubbeutel und Staubfaden.

**STAUBBEUTEL**
Im Innern bildet sich der Pollen, der freigesetzt wird.

**STAUBFADEN**
Der Stiel, der den Staubbeutel trägt

## *Weiblich*

Ein Fruchtblatt besteht aus drei Teilen: Griffel, Narbe und Fruchtknoten

**GRIFFEL**
An diesem Gebilde befindet sich die Narbe, die so ausgerichtet ist, dass sie den Pollen gut aufnehmen kann.

**NARBE**
An der klebrigen Oberfläche der Narbe bleibt Pollen haften.

**FRUCHTKNOTEN**
Im Fruchtknoten an der Basis des Fruchtblatts befinden sich eine oder mehrere Samenanlagen.

## BESTÄUBUNG, BEFRUCHTUNG

Die Bestäubung ist ein wichtiger Schritt im Fortpflanzungszyklus der Blütenpflanze. Pollen aus einem Staubbeutel wird auf eine Narbe übertragen. Er befruchtet die Blüte, sodass sie Samen bilden kann. Einige Blüten bestäuben sich selbst (Selbstbestäuber), während andere nur vom Pollen einer anderen Pflanze bestäubt werden können (Fremdbestäubung).

- Die Narbe nimmt ein Pollenkorn auf, das anschließend keimt. Ein Pollenschlauch wächst durch den Griffel in den Fruchtknoten.
- Der Pollenschlauch entlässt zwei männliche Spermazellen.
- Eine der Zellen befruchtet eine Eizelle. Die zweite Spermazelle vereinigt sich mit den beiden Polkernen. Daraus bildet sich ein Nährgewebe (Endosperm).
- Nach der Befruchtung wird die Blüte nicht länger benötigt und die Kron- und Staubblätter verwelken.
- Es kann etwa 25 bis 30 Tage dauern, bis die Samen reifen.
- Die befruchtete Eizelle entwickelt sich zum Embryo im Samen.
- Samenanlagen sind bei der Befruchtung weiß und färben sich hellgrün, wenn der Same allmählich größer wird.
- Jeder Same sitzt mit einem Stiel am Fruchtblatt, durch den er Nährstoffe aufnimmt, um wachsen zu können.
- Wenn sich die Samen entwickeln, wird der Fruchtknoten größer. Die Frucht wird erkennbar.

Blütenpflanzen bringen unterschiedliche Früchte hervor. Manche Samen entwickeln sich in einer fleischigen Frucht, wie einer Aubergine oder Tomate, andere in einer trockenen Kapsel, Schote oder Hülse. Beispiele sind die Kapseln von Mohn oder die Hülsen der Leguminosen.

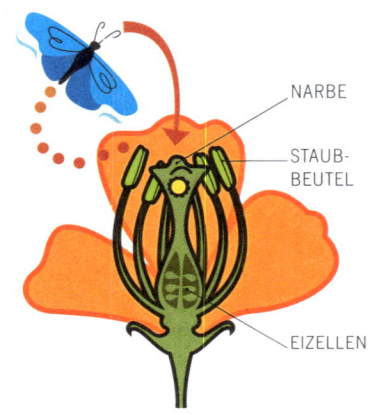

## BESTÄUBUNG

NARBE

STAUB-
BEUTEL

EIZELLEN

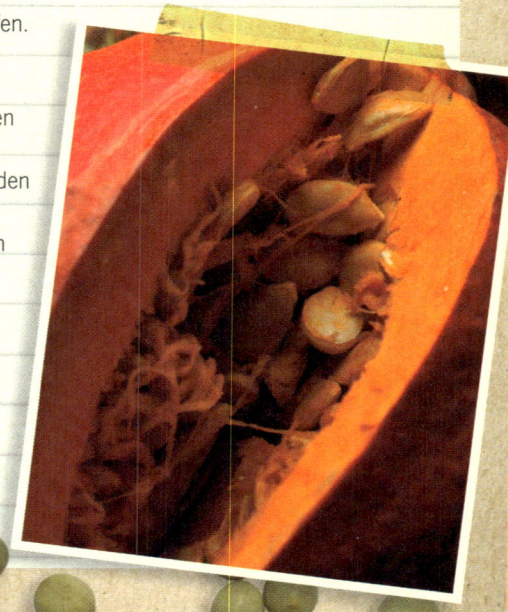

**RECHTS** Manche Samen wie jene von Kürbis sind nass, andere wie die von Erbsen trocken.

# POLLEN AUFTRAGEN VON HAND

Blüten können gezielt von Hand bestäubt werden. Das kann notwendig sein, wenn die Blüten nicht von bestäubenden Insekten besucht werden (z. B. in einem Gewächshaus). Meistens bedient man sich dieser Methode jedoch, wenn eine Elternpflanze samenfestes Saatgut bilden soll. Der Gärtner kann Pollen mit einem Pinsel oder Wattestäbchen von den Staubbeuteln zur Narbe befördern. Pflanzen, die Selbstbestäuber sind, kann man schütteln, sodass sich der Pollen lockert und in der Luft übertragen wird. Man kann auch eine männliche Blüte als »Pollen-Pinsel« einsetzen. Von den verschiedenen Methoden für bestimmte Pflanzentypen sind hier zwei beschrieben:

## KÜRBIS-METHODE

Bei vielen Kürbisgewächsen, wie Gurken und Kürbissen, bilden sich auf derselben Pflanze getrennte männliche und weibliche Blüten. Die weibliche Blüte besitzt am Grund einen Fruchtknoten, der einer noch nicht ausgebildeten Frucht ähnelt. Die männliche Blüte weist dieses Merkmal nicht auf. Um samenfestes Saatgut zu gewinnen, gehen Sie folgendermaßen vor:

1. Sehen Sie vor der Abenddämmerung nach, wo sich an der Pflanze eine männliche und eine weibliche Blüte befindet.

2. Insekten sollen die Blüten am Morgen nicht bestäuben. Verschließen Sie deshalb die Spitze mit einem Klebeband.

3. Pflücken Sie am nächsten Morgen, wenn der Tau getrocknet ist, die männliche Blüte ab.

4. Entfernen Sie vorsichtig das Klebeband und alle Kronblätter, sodass nur die Staubblätter übrig sind. Die männliche Blüte ist jetzt Ihr Pollen-Pinsel!

5. Entfernen Sie nun vorsichtig das Klebeband von der weiblichen Blüte, sodass sie sich öffnen kann. Bürsten Sie die Narbe der Blüte mit dem Pollen-Pinsel.

6. Die Samen in der Frucht, die sich bilden wird, sind samenfest. Sie können sie ernten, wenn sie reif sind.

RECHTS Decken Sie die Blütenköpfe ab, bevor sie sich öffnen. Bienen können dann die Sonnenblume nicht bestäuben.

## SONNENBLUMEN-METHODE

1. Bedecken Sie zwei Blütenköpfe mit luftdurchlässigen Tüten, bevor sich die einzelnen Blüten öffnen. So können sie nicht von Insekten bestäubt werden.

2. Verschließen Sie die Tüten mit Klebeband am Stängel. Wenn die Einzelblüten beginnen, Pollen auszustreuen, entfernen Sie eine Tüte. Streichen Sie mit einem weichen Pinsel über den Blütenstand.

3. Entfernen Sie die Tüte vom anderen Blütenstand und streichen Sie mit demselben Pinsel über geöffnete Röhrenblüten in der Mitte.

4. Verschließen Sie die Blütenköpfe gleich nach der Bestäubung wieder.

5. Die Blüten öffnen sich in Folge. Bestäuben Sie denselben Blütenkopf etwa zwei Wochen lang täglich.

## DAS KEIMEN DER SAMEN

Bei der Keimung wächst der Embryo im Samen zu einem Keimling heran. Drei Voraussetzungen müssen erfüllt sein, damit ein Same keimt:

**1. Keimfähigkeit** Der Embryo muss lebensfähig sein.
**2. Keimruhe** Die Keimruhe muss enden: Einige Samen befinden sich in diesem Zustand, bis sie bestimmten Bedingungen ausgesetzt sind. Dies kann sein: die Passage des Verdauungssystems eines Tiers, eine kalte Periode, das Einweichen, Fermentieren oder Aufrauen der Schale.
**3. Umweltbedingungen** Dazu gehören Sauerstoffgehalt der Umgebung, Temperatur, Licht und Wasser.

### DIE PHASEN

Wenn ein Same keimt, durchläuft er drei Phasen, bevor er zu einem Keimling heranwächst:
**1. Wasseraufnahme** Wasser löst die Keimung aus. Der Embryo im Samen nimmt Wasser auf und der Same quillt auf, bis die Samenschale aufspringt.
**2. Ruhephase** Die Zellen bereiten sich auf das Wachstum vor und passen sich an die Umgebung an, teilen sich aber noch nicht.
**3. Die Keimwurzel erscheint** In diesem Stadium bricht die Keimwurzel aus dem Samen hervor.

Das Erscheinen der Keimwurzel schließt die Keimung ab.

### KEIMFÄHIGKEIT

Ein Same ist lebensfähig, solange er das Potenzial besitzt, zu keimen. Man bezeichnet das als Keimfähigkeit. Wie lange ein Same am Leben bleibt, hängt von der Pflanze ab. Wenn man das Saatgut richtig lagert, erhöhen sich aber die Chancen, dass die Samen keimen.

OBEN Bei diesen keimenden Linsen sind die Keimwurzeln bereits zu sehen.

UNTEN Sobald die Keimblätter erscheinen, beginnt die Fotosynthese, die das Wachstum der kleinen Pflanze vorantreibt.

Der älteste Same, der nachweislich keimte, war der einer Dattel-
palme. Er war 2000 Jahre alt und keimte im Jahr 2005 im
Louis L. Borick Natural Medicine Research Center in Israel.

Einige Samen sind sehr langlebig. Sie können im Boden viele Jahre
überdauern, bis die Bedingungen für die Keimung optimal sind.

## KEIMRUHE

Ein Same verharrt im Zustand der Keimruhe, damit sich das Risiko
so weit wie möglich verringert, dass er zu einem ungünstigen Zeit-
punkt keimt. Erst wenn die Bedingungen optimal und die Überle-
benschancen des Keimlings hoch sind, keimt er. Der Ruhezustand
wird nicht beendet, wenn es zu dunkel oder zu hell, zu warm, zu kalt
oder zu trocken ist. Der Same keimt erst dann, wenn die Bedingungen genau richtig sind – wenn der Boden feucht genug ist und
die Temperatur stimmt. Die Samen einiger Pflanzen aus trockenen
Regionen brauchen eine trockene Periode, bevor sie keimen.

Nicht bei allen Samen derselben Art oder Sorte endet die Keimruhe
genau zur selben Zeit. Mit dieser häufigen Anpassung vermeidet die
Pflanze, dass bei späten Frösten alle Keimlinge zugrunde gehen oder
alle Nachkommen im Keimlingsstadium von Tieren gefressen werden.
Die Natur sorgt dafür, dass mit ziemlicher Sicherheit einige der Pflänzchen überleben.

### FORMEN DER KEIMRUHE

**Morphologisch** Der Embryo ist bei der Verbreitung nicht weit entwickelt. Der Same keimt erst, wenn der Embryo voll ausgebildet ist.

**Physiologisch** Chemische Hemmstoffe verhindern, dass der Embryo die Samenschale durchbricht. Die Keimruhe endet erst, wenn
äußere Umweltfaktoren wie Sonnenlicht oder hohe Temperaturen
bewirken, dass die Hemmstoffe abgebaut werden.

**Morpho-physiologisch** Der Embryo ist bei solchen Samen nicht
weit entwickelt und Hemmstoffe verhindern das Keimen. Solche
Samen brauchen manchmal eine Behandlung, damit die Keimruhe
endet, wie das Aufrauen der Samenschale oder Vorquellen.

**Physikalisch** Bei solchen Samen ist die Samenschale hart und
wasserundurchlässig. Der Same muss einem physikalischen oder
chemischen Prozess ausgesetzt sein, damit die Keimruhe endet.
Dazu dient etwa die Passage des Verdauungstrakts eines Tiers.

# VERBREITUNG

Pflanzen sind an ihren Lebensraum angepasst. Ihre Früchte sind verschieden groß und unterschiedlich geformt, damit die Samen effektiv verbreitet werden.

RECHTS Manche Samen werden von Tieren verbreitet, die die Früchte fressen.

### ESSBARE FRÜCHTE
Schmackhafte Früchte locken Säugetiere und Vögel an. Diese fressen die Früchte und verbreiten dabei die Samen. Hemmstoffe, die das Keimen verhindern, und die harte Samenschale werden im Verdauungstrakt abgebaut. Schließlich werden die Samen ausgeschieden und können in einem nährstoffreichen Dunghaufen keimen, idealerweise in einiger Entfernung von der Mutterpflanze.

### FRÜCHTE, DIE EXPLODIEREN
Einige reife Früchte springen auf und schleudern dabei ihre Samen aus. In den Hülsen mancher Bohnen baut sich beispielsweise eine Spannung auf, während sie trocken werden. Schließlich springt die Hülse auf und die Samen werden herausgeschleudert.

### PER ANHALTER
Andere Früchte tragen Häkchen oder Stacheln, mit denen sie sich an Fell oder Kleidung heften. Die Samen dieser Klettenfrüchte werden mit Tieren oder Menschen verbreitet. Vermutlich gaben Kletten den Anstoß zur Erfindung des Klettverschlusses.

### MIT DEM WASSER
Die Samen vieler Pflanzen, die in der Nähe von Gewässern wachsen, werden mit dem Wasser verbreitet. Die Frucht ist wasserundurchlässig und schwimmt. Ein klassisches Beispiel ist die Kokosnuss, die im Meer über weite Entfernungen verdriftet werden kann. Sie keimt im Wasser oder an einem schlammigen oder sandigen Strand.

OBEN Die Hülsen von Bohnen springen auf, um die Samen zu entlassen.

### VOM WINDE VERWEHT
Einige Früchte haben Anhängsel, mit denen der Wind sie transportieren kann, wie Flügel oder fiedrige Strukturen. Dazu gehören die propellerähnlichen Flügel von Ahornfrüchten und der gefiederte Pappus der Löwenzahnsamen.

RECHTS Löwenzahnsamen werden vom Wind fortgetragen.

# VORTEILE VON SAMENTAUSCH

# SPAREN DURCH BEWAHREN

Das Geld ist mitunter knapp und die Zeiten sind schwierig. Ein wenig Geld lässt sich sparen, indem man Saatgut tauscht. Setzen Sie Samen als Währung ein und tauschen Sie sie gegen andere Sämereien ein. Wenn der Tauschkreis klappt, brauchen Sie nie wieder Saatgut kaufen!

## EIN WENIG MATHEMATIK

- Wenn 15 Menschen die Samen von je zwei verschiedenen Gemüsesorten bewahren, bekommt jeder 30 neue Samentüten.
- Eine durchschnittliche Samentüte kostet etwa 2,20 €. Sie sparen also 66 € im Jahr.
- Lagern Sie das Saatgut und bauen Sie im nächsten Jahr noch zwei neue Sorten an.
- Im dritten Jahr des Tauschkreises hat jeder Teilnehmer ungefähr 90 Tüten mit verschiedenen Samen.

## ZEIT SPAREN UND NEUES ENTDECKEN

Beim Tauschen von Saatgut sparen Sie nicht nur Geld, sondern auch Zeit. Wenn ein anderer Gärtner die Pflanze vorher kultiviert hat, profitieren Sie von seiner Erfahrung. Dank guter Tipps müssen Sie nicht alles selbst ausprobieren und erfahren zum Beispiel, wie Sie Krankheits- oder Schädlingsbefall verhindern können. Ein großer Vorteil einer Samentauschbörse ist, dass jede gewonnene Erfahrung speziell für die Bedingungen in Ihrer Region gilt. Das gesammelte Wissen Ihrer Gärtnergemeinschaft ist unendlich wertvoll.

Samentauschbörsen sind auch eine gute Gelegenheit, hilfreiche Tipps und Methoden zur Samengewinnung weiterzugeben. Notieren Sie sie entweder auf den Samentütchen oder auf beigefügten Zetteln.

**OBEN** Sortieren Sie Ihr Saatgut, damit Sie das Gesuchte schnell finden.

*Kürbis*

*Samen geerntet am ...*

*Stammt von der Großmutter aus Dinkelsbühl.*

## Tipp

Denken Sie daran, nur die Samen offen bestäubter, samenfester Pflanzen zum Tausch anzubieten, die lebensfähige Samen bilden.

## UMWELTSCHUTZ

### DIE GEMEINSCHAFT STÄRKEN

Eine Samentauschbörse ist ein Gemeinschaftserlebnis. Sie bietet eine großartige Möglichkeit, neue Freundschaften zu schließen, und oft ergeben sich interessante Gespräche. Bei Tauschbörsen finden meist Gesprächsrunden und Workshops zu verwandten Themen statt, wie zur Bienenzucht, zu Wildblumen, seltenen Pflanzen und zum Artenschutz. Auch Kochrezepte für die angebauten Produkte werden ausgetauscht.

### VIELFALT UNSERER NAHRUNGSMITTEL

Saatgut bewahren bedeutet, die Vielfalt unserer Kulturpflanzen und Nahrungsmittel zu erhalten. Es hat 10 000 Jahre gedauert, die Kulturpflanzenvielfalt zu züchten, von der wir heute profitieren. Globale, profitorientierte Nahrungsmittelkonzerne könnten diese Vielfalt bedrohen. Das Resultat sind hyperproduktive Pflanzensorten mit unnatürlich lang haltbaren Früchten anstelle von biologisch angebauten, offen bestäubten Pflanzen.

In einer Welt der Monokulturen wird das Nahrungsmittelangebot einheitlicher. Jene Bewegung, die sich für den Erhalt alter Sorten einsetzt, ist ein weltweites Bestreben, die Vielfalt zu bewahren.

### WILDPFLANZEN ERHALTEN

In unseren Ökosystemen sind alle Tierarten auf die Wildpflanzen-Arten angewiesen. Der US Fish and Wildlife Service schätzt, dass das Aussterben einer Pflanzenart das Aussterben von bis zu 30 weiteren Pflanzen-, Insekten- und anderen Tierarten zur Folge hat.

### UNBEDENKLICHES ESSEN

Menschen, die ihre Pflanzen aus selbst gewonnenen Samen ziehen, wissen genau, was auf ihren Teller kommt. Die Nahrungsmittel wurden nicht über weite Strecken transportiert und jeder, der Anbau betreibt, kultiviert exakt die Pflanzen, die zu seiner Ernährungsweise passen. Wenn Sie Samen aus Ihrem eigenen Garten gewinnen, stellen Sie Ihre Ernährung und die Ihrer Familie sicher.

OBEN In Plexiglasröhren eingeschlossene Samen waren 2010 auf der Expo in Shanghai in der »Seed Cathedral« ausgestellt.

OBEN UND UNTEN Selbst gezogene alte Sorten tragen zum Erhalt der Vielfalt unserer Nahrungsmittel bei.

# ERSTE SAATGUT-SAMMLUNGEN

Können wir uns darauf verlassen, dass unsere Nahrungsmittelversorgung gesichert ist?

Pioniere wie Nikolai Wawilow waren die Wegbereiter der heutigen Samenbanken. Der Sohn eines Händlers aus Moskau kam 1887 zur Welt. Als Botaniker und Genetiker wurde er in der Sowjetunion bekannt. Er war einer der ersten Wissenschaftler, die international ein Bewusstsein für die Notwendigkeit schufen, Pflanzenarten und -sorten zu erhalten.

Das arme Bauerndorf, in dem Wawilow aufwuchs, wurde von Missernten heimgesucht. Dies war für ihn der Ansporn, sich für ein Ende solcher Hungersnöte einzusetzen. Er widmete sein Leben der Erforschung und Verbesserung der weltweit bedeutendsten Getreide-Arten. Wawilow studierte am Institut für Landwirtschaft in Moskau, wo er seine Dissertation über Pflanzenschädlinge verfasste. Er forschte zur Pflanzenabwehr und organisierte weltweite Exkursionen, um Saatgut zu sammeln, das in einer Samenbank in Leningrad gelagert wurde. Hier bewahrte man letztendlich 400 000 Samen, Wurzeln und Früchte auf. Damals war dies die größte Saatgut-Sammlung der Erde.

OBEN Nikolai Wawilow (1887–1943) war ein bekannter sowjetischer Wissenschaftler und einer der ersten Pflanzenschützer.

Die 900-tägige Belagerung von Leningrad (1941 bis 1944) bedrohte auch die Saatgut-Sammlung. In der Überzeugung, dass Hitler es auf das Saatgut abgesehen hatte, um die Nahrungsmittelversorgung unter seine Kontrolle zu bringen, versteckten Wawilows Wissenschaftler verpackte Sämereien im Keller. Sie bewachten sie in Schichten, und obwohl ihnen selbst der Hungertod drohte, weigerten sie sich, die Samen zu essen. Tragischerweise starben zwölf von ihnen an Unterernährung, während sie das Saatgut beschützten.

Am 6. August 1940 wurde Wawilow verhaftet. Man beschuldigte ihn, die Landwirtschaft der Sowjetunion zu schädigen. 1943 starb er in einem Gefängnis. Vorher hatte er jedoch über hundert Stunden wissenschaftlicher Vorlesungen gehalten. Die Sammlung der Samen von 200 000 Pflanzenarten wurde 1943 von der deutschen SS beschlagnahmt und teilweise in das SS-Institut für Pflanzengenetik im Schloss Lannach in Österreich gebracht. Man weiß nichts über den Verbleib. Vermutlich gelangten Teile nach Schweden und England.

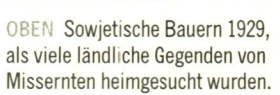

OBEN Sowjetische Bauern 1929, als viele ländliche Gegenden von Missernten heimgesucht wurden.

## VIELFÄLTIGE SAMEN

Samen bildende Pflanzen unterteilt man in zwei Hauptgruppen: Die Angiospermen oder Bedecktsamer und die Gymnospermen oder Nacktsamer. Bei den Angiospermen (die man im engeren Sinn als Blütenpflanzen bezeichnet) bilden sich die Samen in einem schützenden Fruchtknoten. Sie sind die größte Pflanzengruppe: 90 % aller Pflanzenarten gehören ihr an. Die Frucht, die sich aus dem Fruchtknoten bildet, trägt zur Verbreitung der Samen bei. Die Blüten sind ein Erfolgsgeheimnis der Gruppe, denn viele Blüten locken bestäubende Tiere an. Die Samen der Gymnospermen entwickeln sich auf der Schuppe eines Zapfens und nicht in einer Frucht. Die größte Gymnospermen-Gruppe sind die Nadelgehölze, zu denen Kiefern, Fichten, Tannen und Zedern gehören.

### DER KLEINSTE SAME DER ERDE

Der kleinste Same stammt von einer Orchidee, die als Aufsitzerpflanze (Epiphyt) auf Bäumen in tropischen Regenwäldern wächst. Ihre staubfeinen Samen sind nur etwa 85 µm (Mikrometer) lang.

### DER GRÖSSTE SAME DER ERDE

Die Seychellennuss stammt von der Palme *Lodoicea maldivica*. Diese beeindruckenden Samen haben bis zu 30 cm Durchmesser und können 18 kg wiegen!

### NUTZPFLANZEN

Der Verlust unserer Kulturpflanzenvielfalt wird seit vielen Jahren von Wissenschaftlern wahrgenommen. Die weltweite Landwirtschaft basiert auf nur schätzungsweise 150 Nutzpflanzen. Von jeder dieser Pflanzen gibt es viele Formen mit unterschiedlichen Eigenschaften. In freier Natur vorkommende Verwandte dieser Pflanzen sind möglicherweise wegen der Auswirkungen des Klimawandels bedroht, und nie war die Notwendigkeit größer, die Vielfalt unserer Pflanzen und unseres Saatguts zu bewahren.

> ≫ **Samen sind die Quelle des Lebens.** ≪

SATISH KUMAR, FRIEDENS- UND UMWELTAKTIVIST

OBEN Der größte Same der Erde, die Seychellennuss, kann bis zu 30 cm Durchmesser haben.

# VEREINE, ORGANISATIONEN UND PROJEKTE

## VEREIN ZUR ERHALTUNG DER NUTZPFLANZEN-VIELFALT (VEN)
### DEUTSCHLAND

Der bundesweite Verein hat etwa 500 Mitglieder, deren Ziel es ist, die Kulturpflanzenvielfalt zu bewahren und zu entwickeln. Die Mitglieder erhalten in ihren Gärten über 200 Pflanzensorten. Zudem berät der VEN Interessierte in fachlichen Fragen und organisiert Saatgut-Seminare, Führungen und Veranstaltungen. Die Fachzeitschrift »Samensurium« erscheint unregelmäßig und die Mitgliederzeitschrift »Blattwerk« dreimal jährlich. www.nutzpflanzenvielfalt.de

## DRESCHFLEGEL E. V.
### DEUTSCHLAND

Auch dieser Verein arbeitet für die Erhaltung und Verbreitung der Vielfalt von Kulturpflanzenarten und -sorten. Er tritt für die Förderung kleingärtnerischer und kleinbäuerlicher Strukturen ein. Mitglieder in verschiedenen Gegenden Deutschlands betreiben intensive züchterische Arbeit an vernachlässigten alten Sorten und geben ihr Wissen weiter. In einem Schaugarten in Niedersachsen finden Führungen und Veranstaltungen statt. www.dreschflegel-verein.de

## ARCHE NOAH
### ÖSTERREICH

Die »Gesellschaft für die Erhaltung der Kulturpflanzenvielfalt und ihre Entwicklung« hat zum Ziel, ökologisches Denken und nachhaltiges Handeln zu fördern. Ihre Mitglieder sammeln Wissen über den Anbau, die Nutzung und die Vermehrung von Kulturpflanzen und geben es weiter. Die Gesellschaft unterhält einen Schaugarten in Niederösterreich, ein Sortenarchiv und einen Vermehrungsgarten. Dort gewonnenes Saatgut wird an Interessierte vermittelt (siehe S. 123). www.arche-noah.at

## PROSPECIERARA
### SCHWEIZ

Anliegen der »Schweizerischen Stiftung für die kulturhistorische und genetische Vielfalt von Pflanzen und Tieren« ist die Rettung und Bewahrung der Vielfalt von Kulturpflanzen und Nutztieren. Die Dachorganisation arbeitet mit Zuchtzentren, Züchtern und Anbietern zusammen. Tiere und Pflanzen werden von über 2600 Privatpersonen und Institutionen in der Schweiz betreut und gezüchtet. Die Stiftung unterhält auch eine Saatgut-Bibiliothek (siehe S. 123). www.psrara.org

## STIFTUNG INTERKULTUR
### DEUSCHLAND

Beabsichtgt ist ein Beitrag zu einem neuen Verständnis von gesellschaftlicher Integration. Die Koordinierungsstelle des Netzwerks Interkulturelle Gärten umfasst mittlerweile mehr als hundert Projekte in ganz Deutschland. Die Stiftung berät bei der Einrichtung von Gärten und veranstaltet Treffen, Tagungen und Seminare. www.stiftung-interkultur.de

## IG SAATGUT
### DEUSCHLAND

Die »Interessengemeinschaft für gentechnikfreie Saatgutarbeit« ist ein Zusammenschluss internationaler Erhaltungs- und Züchtungsorganisationen und Saatgutunternehmen aus dem gewerblichen und nicht gewerblichen Bereich. Ziel ist der Erhalt und die Entwicklung einer gentechnikfreien Kulturpflanzenvielfalt. www.ig-saatgut.de

## PRINZESSINNENGARTEN
### DEUTSCHLAND

In Berlin-Kreuzberg haben engagierte Anwohner eine ehemalige Brachfläche in einen mobilen, biologisch bewirtschafteten Nutzgarten umgewandelt. www.prinzessinnengarten.net

# SAMEN BESCHAFFEN UND BEWAHREN

# WO BEKOMME ICH SAATGUT?

Idealerweise stammt das Saatgut aus der Umgebung, denn dann ist es an die regionalen Bedingungen gut angepasst. Es ist ein guter Anfang, die Nachbarn zu fragen oder an einer Tauschbörse teilzunehmen. Kommt das nicht infrage, ist eine Gärtnerei oder ein Gartencenter die nächste Anlaufstelle.

Aber oft sind die Saatgut-Anbieter in der Nähe des Wohnorts nicht die beste Bezugsquelle. Das Saatgut in den Regalen könnte aus weit entfernten Gegenden stammen. Noch schlechter wäre es, wenn es nicht richtig gelagert wurde, sodass nur wenige Samen keimen. Wenn Sie im Gartencenter in Ihrer Region einkaufen, sollten Sie sich dort genau über die Ware erkundigen. Unten finden Sie empfehlenswerte Webseiten. Die meisten dieser Anbieter beraten Sie gern.

### DRESCHFLEGEL GBR DEUTSCHLAND
Die Gesellschaft ist ein Zusammenschluss kontrolliert biologisch wirtschaftender Betriebe. Ihr Anliegen ist die Vermehrung, Züchtung und Vermarktung des Saatguts alter und regionaler Sorten. Auch Hobbygärtner und Selbstversorger können hier Saatgut verschiedener Gemüse, Kräuter, Getreide-Arten und Blumen beziehen.
www.dreschflegel-saatgut.de

### BINGENHEIMER SAATGUT AG DEUTSCHLAND
Die Bingenheimer Saatgut AG in Hessen ist ein Initiativkreis für Saatgut aus biologisch-dynamischem Anbau. Ziel ist die Entwicklung von Sorten für den Ökolandbau. Erhältlich sind die Samen von Gemüse-Sorten, Kräutern und Blumen.
www.bingenheimersaatgut.de

### SAMENBAU NORD-OST DEUTSCHLAND
Dieser Zusammenschluss von Gartenbaubetrieben aus Mecklenburg-Vorpommern und Brandenburg betreibt biologische Saatgutvermehrung von Gemüse-Sorten, Zierpflanzen und Kräutern. Auch für Privatgärtner stellt er gute, standortangepasste Sorten zur Verfügung.
www.samenbau-nordost.de

### MAGIC GARDEN SEEDS DEUTSCHLAND
Bei diesem Saatgutanbieter können Sie Saatgut von alten regionalen Sorten und Heilkräutern aus Afrika, Asien und Nordamerika bestellen.
www.magicgardenseeds.com

**OBEN** Wenn das Saatgut auf der Tauschbörse übersichtlich angeboten wird, findet sich jeder schnell zurecht.

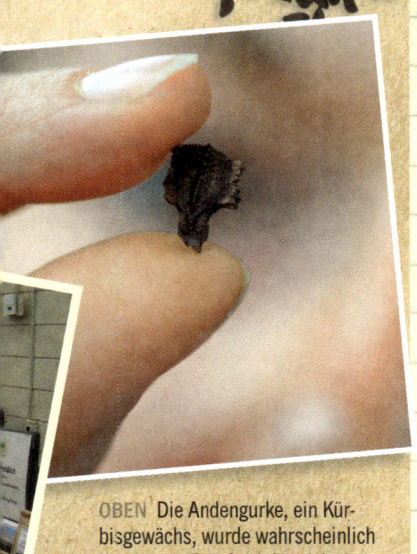

OBEN Die Andengurke, ein Kürbisgewächs, wurde wahrscheinlich bereits zur Zeit des Inkareichs in Südamerika angepflanzt.

UNTEN Sie können alle überschüssigen Samen, die Sie gekauft haben, gegen andere eintauschen, wenn sie geeignet sind.

### ARCHE NOAH ÖSTERREICH

Die österreichische Gesellschaft für die Erhaltung der Kulturpflanzenvielfalt will gefährdete Pflanzen sichern und verfügbar machen. Schwerpunkt sind Kulturpflanzen-Sorten aus Mittel- und Osteuropa, von denen Samen wie auch Jungpflanzen erhältlich sind. www.arche-noah.at

### C. UND R. ZOLLINGER SCHWEIZ

Dieser biologische Saatgutbetrieb am Genfer See ist auf traditionelle Kulturpflanzen mit Bedeutung für den Alpenraum spezialisiert. Er bietet Samen von Gemüse-Sorten, Kräutern und Blumen an. www.zollinger-samen.ch

## WAS SIE BEDENKEN SOLLTEN

Bevor Sie Saatgut besorgen, sollten Sie sich gut überlegen, was Sie anbauen wollen. Wählen Sie Gemüse-Sorten, die Ihre Familie gern isst und probieren Sie auch einige ungewöhnliche aus. Messen Sie Ihre Anbaufläche aus, schätzen Sie ab, wie hoch und breit die Pflanzen werden und klären Sie, ob die ausgesuchten Pflanzen auf Ihrem Boden und Ihrem Standort wirklich gedeihen können.

### FOLGENDES SOLLTEN SIE BEIM KAUF BEACHTEN:

Im Internet finden Sie viele Informationen und Webseiten. Es ist wichtig, dass Sie Ihr Saatgut bei einer zuverlässigen Quelle beziehen, wo es sorgfältig geerntet und gelagert wurde. Meiden Sie unbedingt Anbieter, bei denen Sie kranke, schadhafte, schlecht gelagerte oder abgestorbene Samen befürchten müssen.

Bedenken Sie Folgendes:

• **Wie wurden die Samen gelagert?** Wenn ein Samenpäckchen monatelang in einem heißen Regal in einem Gartencenter oder an einem feuchten Ort aufbewahrt wurde, sind die Samen in schlechtem Zustand.

• **Aus welcher Region stammen die Pflanzen?** In anderen Regionen gewonnenes Saatgut passt wahrscheinlich nicht zu den Bedingungen an Ihrem Wohnort. Die Pflanzen werden zu kämpfen haben. Sie sollten nur Saatgut kaufen, das zu Ihrer Gegend passt.

• **Handelt es sich um Hybridsamen?** Dann fallen sie nicht treu aus Samen. Wenn Sie von den Pflanzen wieder Samen abnehmen wollen, müssen Sie herausfinden, ob sie offen bestäubt sind.

# HALTBARKEIT VON SAMEN

Sobald die Samen geerntet wurden, beginnen sie zu altern. Wenn sie nicht richtig gelagert werden, besteht das Risiko, dass sie absterben oder ihre Wuchskraft einbüßen. Ältere Samen keimen manchmal spät oder überhaupt nicht. Manchmal sind die Keimlinge missgebildet.

Wie lange die Samen am Leben bleiben, hängt von der Pflanze ab. Es gibt kurzlebiges Saatgut, aber meistens hält es sich bei optimalen Bedingungen mehrere Jahre lang. Wissenschaftler der Millennium Seed Bank in Wakehurst Place (England) führen Vergleichsstudien zur Haltbarkeit durch. Sie lassen Samen altern, um sie in Kategorien einzuteilen. Dabei fanden sie heraus, dass Samen mit Nährgewebe (Endosperm) sowie relativ kleinem Embryo von Pflanzen kühler, feuchter Standorte häufig kurzlebiger sind als Samen ohne Endosperm und mit verhältnismäßig großem Embryo, die aus wärmeren, trockeneren Regionen stammen.

Im Herbst 1879 regte Dr. William James Beal, damals Professor für Botanik und Forstwirtschaft am Michigan Agricultural College in den USA, ein Experiment zur Keimkraft von Saatgut an. Keine andere Studie zur Langlebigkeit von Samen wurde bisher über einen längeren Zeitraum durchgeführt. Er wählte frische Samen von 23 verschiedenen Pflanzen aus. Die Samen wurden mit mäßig feuchtem Sand vermischt und in Flaschen gefüllt. Anschließend wurden die Flaschen unverschlossen mit der Öffnung nach unten 1 m tief in einem sandigen Hügel in der Nähe des College vergraben. Alle fünf Jahre grub man eine Flasche aus, vermischte den Inhalt mit Substrat und prüfte die Keimfähigkeit der Samen.

Nach 40 Jahren keimte Fuchsschwanz (*Amaranthus*) am erfolgreichsten, gefolgt von *Oenothera*, *Brassica* und *Rumex crispus*. Am 22. April 2000 grub man nach 120-jähriger Lagerzeit eine Flasche aus. 23 Samen des Schabenkrauts (*Verbascum blattaria*) und zwei Samen einer anderen *Verbascum*-Art keimten und wuchsen zu normalen Pflanzen heran, und ein einziger Samen von *Malva rotundifolia* (Malve) keimte nach sechswöchiger Kältebehandlung. Fünf weitere Flaschen lagen damals noch vergraben.

OBEN  Wissenschaftler der Millennium Seed Bank in England erforschen die Eigenschaften unterschiedlicher Samen.

OBEN  Im Experiment keimten 40 Jahre alte Fuchsschwanz-Samen und bildeten gesunde Pflanzen.

# TIPPS UND METHODEN

Bedenken Sie, dass Samen, die in einem offenen Behälter lagern, Feuchtigkeit aus der Luft aufnehmen. Sie altern oder schimmeln vielleicht.

### Wann ist ein Same so trocken, dass man ihn lagern kann?

Landwirte mischen gleiche Anteile von Salz und Saatgut in einem Marmeladenglas, schütteln es und lassen es 20 Minuten stehen. Wenn die Samen noch immer feucht sind, nimmt das Salz die Feuchtigkeit auf und klebt an den Seiten des Glases. Wissenschaftler der Milllennium Seed Bank in Wakehurst Place messen mit digitalen Hygrometern die Feuchtigkeit der Luft, die die Samen in einer abgeschlossenen Kammer umgibt. So können sie die relative Luftfeuchtigkeit genau ermitteln. Für eine kurze Lagerung ist ein Wert unter 70 % akzeptabel. Für eine längere Lagerung sind 15 % und vorzugsweise kalte Bedingungen erforderlich. Kostengünstigere Alternativen, wie Silicagel mit Wasserindikator oder Indikatorpapier, können Sie über das Internet oder bei spezialisierten Anbietern erwerben.

**Temperatur** Die Haltbarkeit von Saatgut nimmt bei hohen Temperaturen ab. Die ideale Lagertemperatur beträgt −20 °C.

**Trocknen im Freien** In vielen Ländern trocknet man das Saatgut in der Sonne. Man breitet es traditionell auf einer Plane aus und wendet es gelegentlich mit den Füßen. Sie können Samen auch in luftdurchlässigen Tüten in Lattenkisten trocknen, die auf Platzhaltern über dem Boden stehen, damit die Luft gut zirkulieren kann.

**Trocknen mit Reis** Reis nimmt Feuchtigkeit aus dem Saatgut auf. Erhitzen Sie den Reis 45 Minuten lang im Backofen, füllen Sie ihn heiß in ein großes Marmeladenglas und schrauben Sie den Deckel zu. Warten Sie, bis er abgekühlt ist. Füllen Sie dann Ihr Saatgut in eine Papiertüte oder einen Baumwollstrumpf, verschließen Sie den Beutel und legen Sie ihn auf den Reis. Schrauben Sie den Deckel zu und bewahren Sie das Glas zwei Wochen lang an einem kühlen trockenen, dunklen Ort auf. Danach sind die Samen trocken genug, um sie in einem luftdichten Behälter lagern zu können.

**Milchpulver** Wenn Sie den Behälter oft öffnen, um Samen zu entnehmen, dringt Feuchtigkeit ein. Sie können aus Küchenkrepp eine Tasche falten und sie mit Milchpulver füllen, das als Trockenmittel fungiert. Verschließen Sie die Tüte mit einer Klammer und lassen Sie sie bis zu sechs Monate lang im Behälter.

## *Tipp*

Wenn Sie die Samen an der Luft getrocknet haben, können Sie ein Trockenmittel wie Reis in den Aufbewahrungsbehälter geben. Verwenden Sie drei Teile des Trockenmittels und einen Teil Saatgut.

UNTEN Ein Tütchen mit Milchpulver zieht Feuchtigkeit aus Ihrem Saatgut.

# SAATGUT GEWINNEN

Mit den hier beschriebenen Methoden gehen Sie sicher, dass Ihr Saatgut samenfest bleibt. Das bedeutet, dass die Blüten nicht vom Pollen anderer Gartensorten oder verwandter Wildpflanzen-Arten bestäubt wurden. Die charakteristischen Eigenschaften der Sorte bleiben somit erhalten.

## FREMDBESTÄUBUNG VERHINDERN

Mit diesen beiden Methoden können Sie eine Fremdbestäubung vermeiden:

### ISOLATION
Die Pflanze muss so weit von anderen Sorten oder verwandten Wildpflanzen entfernt stehen, dass weder der Wind noch Insekten Pollen herbeitransportieren können. Der notwendige Abstand hängt von der Pflanze ab. Bei Auberginen reichen z. B. 15,5 m aus, bei Rote-Bete-Pflanzen muss der Abstand mindestens 7 km betragen. Wenn Sie in einer dicht besiedelten Gegend leben und Ihr Nachbar dieselben Pflanzenarten anbaut, kann die Isolation deshalb schwierig sein. Leichter gelingt sie bei sehr ungewöhnlichen Pflanzen.

### ZEITLICHE ISOLATION
Einjährige Sorten kann man aufgrund ihrer Blütezeit isolieren: Pflanzen Sie zwei Sorten an, deren Früchte zu unterschiedlichen Zeiten im Jahr reifen, wie eine früh reifende und eine spät reifende Sorte. Pflanzen Sie die früh reifende so früh wie möglich. Kurz vor der ersten Blüte können Sie die nächste Sorte aussäen. Das funktioniert bei Sonnenblumen, Mais, Kopfsalat und Koriander.

### EINTÜTEN DER BLÜTEN
Diese Methode funktioniert bei Selbstbestäubern wie Tomaten und Auberginen, aber nicht bei Mais. Hüllen Sie die Blüten in luftdurchlässige Tüten aus Kunststoffgewebe ein, sodass sie nicht von Insekten bestäubt werden können. Befestigen Sie die Tüten an einzelnen Blüten oder Blütenständen. Achten Sie darauf, dass um den Stiel keine Lücken bleiben, durch die Insekten hineinkrabbeln könnten. Wenn sich Früchte entwickelt haben, können Sie die Tüte entfernen und die Pflanze markieren, um später ihre Samen zu ernten.

OBEN Die Wilde Möhre ist eine häufige Wildpflanze, die sich mit Karotten im Garten kreuzt.

OBEN Diese Madagassin worfelt Erdnüsse.

**Tipp**

Mit einem Sieb können Sie die Samen von kleinen Partikeln und größeren Abfällen befreien.

## BESTÄUBUNGSKÄFIGE

Bestäubungskäfige kann man sowohl für selbstbestäubte wie auch für insektenbestäubte Pflanzen verwenden. Über niedrigen Pflanzen kann man einen zu einem Halbkreis gebogenen Draht anbringen, dessen Enden man in den Boden steckt. Bedecken Sie dieses Gerüst mit einem Kunststoffgewebe. Im Käfig muss die Luft gut zirkulieren können. Wasser und Licht müssen hineingelangen, Insekten jedoch abgehalten werden. Größere Käfige kann man als Lattengestell aus Holz bauen. Graben Sie die Ränder des Gewebes im Boden ein.

Wenn die Pflanze von Insekten bestäubt wird, müssen Bestäuber in den Käfig gelangen. Honigbienen kann man durch einen mit Honig bestrichenen Teller anlocken.

## KÄFIGE FÜR VERSCHIEDENE SORTEN

Wenn Sie verschiedene Sorten einer Pflanze anbauen, gehen Sie folgendermaßen vor: Entfernen Sie jeden Tag den Käfig von einer Sorte (abends bringen Sie ihn wieder an). So können Insekten die Pflanzen bestäuben, transportieren aber keinen Pollen von den anderen Sorten herbei, weil diese sich unter Käfigen befinden.

## HANDBESTÄUBUNG

Sie können mit der Hand Pollen von einer Blüte zur nächsten übertragen, um Fremdbestäubung zu verhindern (siehe S. 25).

## DRESCHEN UND WORFELN

Beim Dreschen und Worfeln werden Samen von der Spreu getrennt.

## DRESCHEN

Man kann Samen von der Spreu trennen, indem man sie aneinanderreibt oder auf sie schlägt. Oder Sie geben ganze Samenstände in einen Kissenbezug und treten vorsichtig auf ihm herum. Kleinere Samen kann man zwischen zwei Holzbrettern drücken.

## WORFELN

Um die Spreu von den Samen zu trennen, werden sie beim Worfeln in einen Korb gefüllt und wiederholt in die Luft geworfen. So trennt der Wind die leichteren Spelzen und sonstigen kleineren Abfälle von den schwereren Samen. Ein plötzlicher Windstoß kann allerdings Ihre gesamte Samenernte fortwehen. Versuchen Sie es mit einem Fächer oder Föhn, den Sie auf kalt einstellen. Breiten Sie am Boden ein Bettlaken aus, sodass Sie verstreute Samen wieder einsammeln können.

## TROCKENE UND FEUCHTE SAMEN

Die unterschiedlichen Samen werden auf verschiedene Weise geerntet und gelagert. Einige Pflanzen bilden bereits im ersten Jahr des Wachstums Samen. Bei zweijährigen Gemüsepflanzen, wie Karotten und Zwiebeln, müssen Sie etwas besser planen. Sie bilden Samen erst im zweiten Jahr des Wachstums und nach einer Kälteperiode. Manche Pflanzen entlassen ihre Samen erst, wenn der Samenstand oder die Frucht getrocknet ist. Zu ihnen gehören Mais, Bohnen und Karotten. Bei anderen Arten bilden sich die Samen in fleischigen Früchten, etwa bei Tomaten und Zucchini. Man schabt sie heraus und trennt sie vom Fruchtfleisch. Wenn sie bald keimen sollen, müssen sie außerdem fermentiert werden.

RECHTS Bewahren Sie nur Samen auf, die völlig trocken sind.

### TROCKENE SAMEN

Trockene Samen befinden sich nicht in einer fleischigen Frucht. Wenn eine Blüte verblüht ist, fallen ihre Kronblätter meistens ab oder verwelken. Die Frucht, z. B. eine Hülse oder Kapsel, entwickelt sich und wird dicker. Sammeln Sie trockene Samen an einem sonnigen Tag. Ernten müssen Sie, bevor die Früchte aufspringen und Vögel Ihnen zuvorkommen. Sammeln Sie in eine Papiertüte oder einen Kissenbezug und achten Sie auf sorgfältige Beschriftung.

Schneiden Sie die Samenstände, Kapseln oder Hülsen mit einem bis zu 20 cm langen Stiel ab und stecken Sie sie kopfüber in die Tüte oder den Kissenbezug. Binden Sie die Hülle fest um den Stiel und hängen Sie sie an einem gut belüfteten, trockenen Ort im Haus bis zu drei Wochen lang auf.

Bei trockenen Samen lassen sich die Abfälle meist relativ leicht von den Samen trennen. Manchmal muss man dreschen oder worfeln (siehe S. 43).

RECHTS Diese trockenen Samen habe ich in meinem Garten gesammelt. Man muss wissen, um welche Sorten es sich handelt, bevor man sie trocknet und einlagert.

> ### *Tipp*
>
> Die Samen müssen vor der Aufbewahrung sauber und sorgfältig getrocknet sein, sonst können sie schimmeln. Bei feuchten Samen wie von Gurken, und größeren, wie Bohnen und Erbsen, dauert es länger, bis sie ganz trocken sind.

## FEUCHTE SAMEN

Feuchte Samen, wie die von Gurken und Kürbissen, sind in das Fruchtfleisch eingebettet und müssen herausgelöst werden. Einige Früchte, wie Zucchini, erntet man jung, wenn sie in der Küche verarbeitet werden. Will man jedoch ihr Saatgut gewinnen, müssen sie einige Wochen länger an der Pflanze bleiben, bis die Samen voll ausgereift sind.

## SAMEN VOM FRUCHTFLEISCH TRENNEN

Große Früchte, wie Kürbisse, schneidet man meist auf und schabt die Samen mit einem Löffel heraus. Dann werden sie unter fließendem Wasser gespült und vom Fruchtfleisch getrennt.

Samen kleiner Früchte, wie Tomatensamen, werden mit dem Saft in einer Schüssel gequetscht und wiederholt gespült und gesiebt, bis sie sauber sind.

Feuchte Samen kleben an Papier und anderen rauen Oberflächen. Deshalb werden sie auf einem beschrifteten Teller oder einer Platte mehrere Tage lang an einem trockenen Ort ausgelegt. Wenden Sie die Samen gelegentlich, sodass sie nicht miteinander verkleben oder schimmeln.

Wenn die Samen gut getrocknet sind, kommen sie zum Aufbewahren in einen beschrifteten, luftdichten Behälter.

Damit sie bald keimen, kann man manche feuchte Samen fermentieren (siehe S. 46).

RECHTS Feuchte Samen werden aus der Frucht geschabt.

OBEN Spülen Sie die Samen gründlich.

### *Tipp*

Denken Sie daran, die Samen vor der Ernte an der Pflanze ausreifen zu lassen. Das gilt sowohl für feuchte wie auch für trockene Samen. Wenn Sie feuchte Samen gewinnen wollen, sollte die Frucht überreif sein. Trockene Samen verfärben sich, wenn sie reifen, sie werden hart und lockern sich am Samenstand.

RECHTS Trocknen Sie das Saatgut vor dem Einlagern.

## FERMENTIEREN

Im Garten fermentieren Samen auf natürliche Weise, wenn
die Früchte auf den Boden fallen und verfaulen oder
sie das Verdauungssystem eines Tiers passieren. Dabei
werden Krankheitserreger abgetötet, die die nächste
Pflanzengeneration infizieren könnten. Außerdem verbessert sich die Keimfähigkeit, weil Hemmstoffe abgebaut
werden. Fermentieren Sie nur Samen, die innerhalb der
nächsten fünf Jahre keimen sollen. Die Prozedur eignet
sich nicht, wenn Sie die Samen länger lagern wollen, denn
dann sollen die Hemmstoffe erhalten bleiben.

In der Küche können Sie den Fermentationsprozess gut nachah-
men. Schaben Sie die Samen und das Fruchtfleisch in ein Marme-
ladenglas und füllen Sie es mit der doppelten Menge Wasser auf.
Rühren Sie kräftig um und bewahren Sie die Mischung bis zu drei
Tage lang bei 30 °C auf, bis sich weiße Blasen im
Wasser bilden. Lösen Sie dann die Samen mit den
Fingern vom Fruchtfleisch. Lebende Samen sinken
auf den Grund der Schüssel. Spülen und sieben
Sie mehrmals. Trocknen Sie das Saatgut anschlie-
ßend auf einem Teller an einem kühlen, trockenen
Ort, bevor sie es in einem luftdichten Behälter
aufbewahren.

Vermutlich ist das Fermentieren bei Samen, die Sie
längere Zeit lagern wollen, nicht sinnvoll, denn die
Hemmstoffe, die das Keimen verhindern, werden
ohnehin im Lauf der Zeit abgebaut. Mein Vorschlag
ist, dass Sie einen Teil der Samen nicht fermentieren.
So können Sie ausprobieren, welches Saatgut sich für
Ihre Zwecke besser eignet.

**OBEN** Es sieht nicht
sehr appetitlich aus,
aber beim Fermentieren
werden Krankheitserreger
abgetötet.

**OBEN UND RECHTS** Sie
können die Samen vor der
Lagerung fermentieren und
prüfen, ob sich ihre Haltbarkeit verändert.

# SAMENBANKEN

# DAS GESAMTBILD

Pflanzen sind für die Menschheit lebenswichtig und Teil aller Ökosysteme. Sie liefern uns Sauerstoff, Rohstoffe für Arzneimittel, Pflanzenfasern, Baustoffe und – am allerwichtigsten – Nahrungsmittel. Haben Sie sich je gefragt, was passieren würde, wenn die Pflanzen verschwänden?

Unser Verbrauch an Gütern übersteigt die Produktion, die natürlichen Ressourcen werden weltweit knapper und Landwirte sind gezwungen, ihre Erträge ständig zu steigern, um wettbewerbsfähig zu bleiben. Nie war es so schwierig wie heute, den vorhandenen Bestand zu schützen. Samenbanken leisten dazu einen Beitrag.

## WARUM SAMENBANKEN?

Historiker glauben, dass sich die Landwirtschaft im 8. Jahrtausend v. Chr. in Mesopotamien entwickelt hat. Bei frühen Bauerngesellschaften war die Ernte sicherlich eines der wichtigsten Ereignisse im Jahr. Die Menschen mussten das Saatgut, das sie für die nächste Aussaat aufbewahrten, vor Tieren und schlechtem Wetter schützen.

RECHTS UND UNTEN Wegen des Klimawandels drohen Dürre- und Flutkatastrophen, die Erträge infrage stellen.

Auch heute müssen wir unser Saatgut schützen. Inzwischen sind noch weitere Gründe hinzugekommen:

- Wegen des Klimawandels verändert sich das Wettergeschehen weltweit. Dies könnte zum Aussterben von Arten führen.
- Natürliche und vom Menschen geschaffene Katastrophen können ganze bäuerliche Gesellschaften auslöschen. Dies geschah nach dem Tsunami im Jahr 2004, als viele Reisfelder in Malaysia und Sri Lanka vernichtet wurden. Mit Sämereien aus Samenbanken kann sich die Landwirtschaft schneller wieder erholen.
- Der Raubbau an natürlichen Pflanzen, die als Baustoffe dienen, Nahrungsmittel liefern oder Wirkstoffe enthalten, kann Arten an den Rand des Aussterbens bringen.

Schätzungen zufolge verschwindet während der nächsten 50 Jahre täglich eine Art für immer von der Erde, wenn wir so weitermachen wie im Moment.

## WELCHE SAMEN LAGERT MAN?

Eine Samenbank ist sozusagen eine von Wissenschaftlern angelegte Arche Noah für Saatgut. Bei einigen dieser Projekte werden vor allem Wildpflanzensamen eingelagert, bei anderen das Saatgut von alten oder besonderen Kulturpflanzen-Sorten. Manche Banken haben einen eher global ausgerichteten Anspruch und wählen die Samen von Nutzpflanzen aus, die eine besondere Bedeutung für die Ernährung der Menschheit haben, wie Reis, Kartoffeln, Hafer, Gerste, Hülsenfrüchte, Bananen, Karotten oder Mais.

### DAS VORGEHEN:

- Die Arten werden von Partnern in der ganzen Welt ausgewählt und von den Mitarbeitern des Projekts eingelagert.
- Gesammelt wird meistens von Hand und mit Eimern, Körben oder Tüten.
- Ein gepresstes Exemplar der Pflanze, das Samen trägt, wird im Herbarium der Samenbank zur Dokumentation aufbewahrt.
- Jedes Stück der Sammlung wird mit einer Nummer und einer Karte mit genauen Angaben versehen, wie dem Namen des Sammlers, der Herkunftsregion, dem Standort, dem Namen der Pflanze, der Bodenart und der Behandlung des Saatguts.
- Das Saatgut wird gesiebt oder im Luftgebläse gereinigt.
- Es wird in durchlässigen Tüten bei einer kontrollierten Temperatur von 15 °C und 15 % relativer Luftfeuchtigkeit bis zu eine Woche lang getrocknet. Anschließend wird es in einem beschrifteten, luftdichten Behälter bei −20 °C eingelagert.

Einige Samen müssen in flüssigem Stickstoff gekühlt aufbewahrt werden. Nur kurze Zeit lagerfähiges Saatgut wird in Abständen ausgesät, sodass man erneut Samen ernten und einlagern kann.

**OBEN** Wissenschaftler aus der ganzen Welt sammeln Saatgut, um es für die Zukunft zu sichern.

**RECHTS** Die Notwendigkeit, Saatgut zu bewahren, erscheint immer dringlicher.

## SAMENBANKEN DER WELT

Zur Zeit gibt es auf der ganzen Erde etwa 1400 Samenbanken. Sie funktionieren ähnlich wie ein Sparkonto: Die Samen
werden in der Bank deponiert, damit man sie später wieder
entnehmen kann.

### SAMENBANK DER UNIVERSIDAD POLITÉCNICA DE MADRID (UPM) SPANIEN

Diese Samenbank wurde 1966 auf Initiative von Prof. César
Gómez-Campo (1933–2009) an der Technischen Universität von Madrid angelegt. Es war das erste Projekt dieser Art
weltweit. Hier lagern Wildpflanzensamen. Ein Beispiel für den
Erfolg des Projekts ist die Art *Diplotaxis siettiana*. Diese Blütenpflanze aus der Familie der Kreuzblütler (Brassicaceae) kam nur
auf der spanischen Insel Alborán vor und starb 1985 aus. Glück-
licherweise wurden einige ihrer Samen 1974 in der Samenbank
eingelagert. Das bewahrte die Art vor dem Aussterben. www.upm.es

OBEN Das einfache
Samenlager befindet
sich in einem Haus in
Brasilien.

### SVALBARD GLOBAL SEED VAULT NORWEGEN

In dem Weltweiten Samentresor auf Spitzbergen wird seit Februar
2008 Saatgut eingelagert. Er befindet sich tief in einem
Berghang in der Nähe des Orts Longyearbyen auf der
Insel Spitzbergen, die zu Norwegen gehört, etwa 1300 km
südlich des Nordpols.

Der Tresor wurde so konstruiert, dass er Katastrophen
wie Bombenangriffe und Erdbeben überstehen kann.
Das Projekt entstand im Rahmen einer Partnerschaft
des Welttreuhandfonds für Kulturpflanzenvielfalt mit der
Beratungsgruppe für internationale Agrarforschung. Im
Tresor wird Saatgut, das aus regionalen Samenbanken
aus Ländern auf der ganzen Erde stammt, aufbewahrt.

Die Samen werden unter Black-Box-Bedingungen
gelagert. Das bedeutet, dass nur derjenige, der sie
eingelagert hat, die Behälter öffnen darf, ähnlich wie
bei einem Banktresor. Unter dem Fels und im Perma-
frostboden können die Proben auch bei Stromausfällen
nicht auftauen. Das Projekt zielt auf eine ultimative
Sicherung der Nahrungsmittelversorgung der Erde ab.

OBEN In seinem Haus in Nord-
Äthiopien hat dieser Mann eine
Saatgut-Bank eingerichtet. Hier
lagern regionale Sämereien.

UNTEN Im »Seed Savers Exchange « in Iowa (USA) werden die Samen vieler Tausend alter Sorten aufbewahrt.

UNTEN Ein Mitarbeiter untersucht in einem Kühlraum der Millennium Seed Bank in England eingelagertes Saatgut.

### WAWILOW-INSTITUT RUSSLAND

Die Samenbank dieses staatlichen Instituts wurde von Nikolai Wawilow im Jahr 1894 im damaligen Sankt Petersburg (später Leningrad) ins Leben gerufen. Sie ist die älteste Samenbank der Erde und die einzige ihrer Art in Russland. Hier lagern die Samen von Hunderttausenden Pflanzen aus der ganzen Welt (siehe S. 34).

### NAVDANYA INDIEN

Die Physikerin, Philosophin und bekannte Umweltaktivistin Dr. Vandana Shiva gründete die Organisation Navdanya. Das Projekt dient dem Schutz der Biodiversität. Kleinbauern und Umweltaktivisten werden hier angeleitet und bekommen Unterstützung. Zum Projekt gehören eine Samenbank und eine biologische Versuchsfarm in Nordindien. Bisher wurden die Samen von über 5000 Kulturpflanzensorten eingelagert. Zudem wurden 65 regionale Samenbanken in 16 indischen Bundesstaaten gegründet (siehe S. 16). www.navdanya.org

### SAVING OUR SEEDS USA

Hier werden Informationen, Ressourcen und Publikationen für Gärtner, Bauern und andere Interessierte bereitgestellt. Das Samenbank-Projekt hat zum Ziel, vor allem das Saatgut alter Sorten zu bewahren. Es sucht nach Unterstützern und Informationen über alte Sorten. www.savingourseeds.org

### THE CHEROKEE NATION USA

Diese Organisation baut seit vielen Jahren eine Samenbank für Kulturpflanzen des Indianervolks der Cherokee auf. Alte Sorten der Nutzpflanzen, die die Stämme der Cherokee seit Jahrtausenden anbauen, sollen bewahrt und traditionelle Nahrungsmittel, Arzneipflanzen und gärtnerisches Wissen an künftige Generationen weitergegeben werden. www.cherokeeatlarge.org

### SEED SAVERS EXCHANGE USA

Diese Organisation wurde 1975 gegründet. Auf einer 360 ha großen Farm werden Seminare abgehalten. Samen von vielen Tausend alten Sorten wurden in der Samenbank eingelagert. Vorfahren von Mitgliedern der Organisation brachten sie bei ihrer Emigration mit nach Nordamerika. Das Saatgut stammt aus vielen Teilen der Erde, etwa aus Europa, dem Nahen Osten oder Asien. www.seedsavers.org

## MILLENNIUM SEED BANK, WAKEHURST PLACE

Die Millennium Seed Bank stellt ein Projekt der Royal Botanic Gardens in Kew (südwestlich von London) dar. Es ist das weltweit größte Pflanzenschutzprojekt, um Saatgut von Pflanzen aus aller Welt zu bewahren. Der Schwerpunkt liegt auf gefährdeten Wildpflanzen und solchen, die ein großes Potenzial für eine künftige Nutzung haben. Das Projekt hat Partner in über 50 Ländern: Australien, Botswana, China, Mexiko, Kenia und Madagaskar sind nur einige von ihnen. Gemeinsam haben die Mitlieder bereits Saatgut von über 10 % aller Wildpflanzen-Arten der Erde gesammelt und über eine Milliarde Samen aus etwa 130 verschiedenen Ländern eingelagert. Leider sterben viele Pflanzenarten aus, bevor ihre Samen gesammelt werden. Im Depot befinden sich inzwischen aber die Samen einiger Arten, die in der Natur bereits verschwunden sind.

Zu jeder der Saatgut-Sammlungen gibt es zusätzlich eine Samenbank im Ursprungsland als Rückversicherung. Bei der Arbeit kommen vielfältige Methoden zum Einsatz, vom Kühlen in flüssigem Stickstoff bis hin zu einem Röntgengerät für Samen. Die Mitarbeiter und freiwillige Helfer erledigen aber auch jede Menge Arbeit von Hand.

Wissenschaftler des Projekts bereisen vor allem Regionen, in denen Pflanzenarten wegen des Klimawandels oder Umweltzerstörung bedroht sind. Erklärtes Ziel ist es, bis zum Jahr 2020 Saatgut von 25 % aller Pflanzenarten der Erde einzulagern.

### WARUM DAS SAATGUT BEWAHRT WIRD

Wissenschaftliche Untersuchungen haben gezeigt, dass Menschen die Ökosysteme in den letzten 50 Jahren stärker und schneller verändert haben als je zuvor. Heute sind schätzungsweise ein Fünftel aller Pflanzenarten vom Aussterben bedroht. Das Projekt zielt darauf ab, die Pflanzen der Erde zu schützen.

### WIE KÖNNEN SIE HELFEN?

Sie können zum Beispiel für die Forschungsarbeit spenden oder »einen Samen adoptieren«, um zum Erhalt einer Art beizutragen.

OBEN  Eine Wissenschaftlerin prüft die Keimfähigkeit von Samen unter verschiedenen Bedingungen.

### Tipp

Kew bietet Informationsmaterial über das umfangreiche Samenbank-Projekt an. Sie bekommen hier wertvolle Tipps. Auf dieser Webseite erfahren Sie Näheres: www.kew.org.

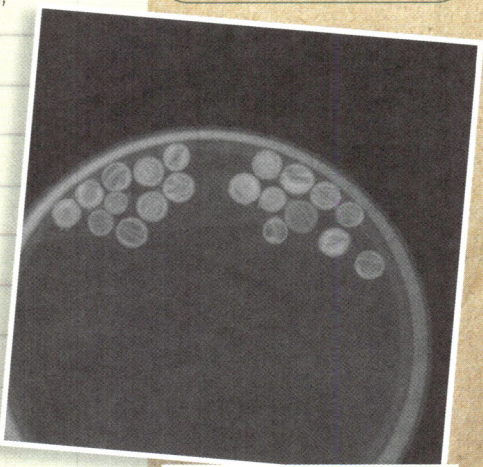

OBEN  Bestrahlte Samen in der Millennium Seed Bank.

# EINE EIGENE SAMENBANK

# DER EINSTIEG

Von dem Moment an, in dem Sie einen Samen in die Erde stecken, sollten Sie auch in Ihrem Bewusstsein Gedanken säen: Wie will ich die Samen dieser Pflanze sammeln und aufbewahren, was brauche ich dafür und wo lagere ich das Saatgut, damit es viele Jahre lang keimfähig bleibt?

## SAMMELN UND LAGERUNG

Samen sind Teil des Lebenszyklus einer Pflanze. Ihrer Bewahrung sollte man sich ebenso widmen wie allen anderen Stadien.

**DAS BRAUCHEN SIE:** Gartenschere, Haushaltsschere, Kissenbezug oder Stofftasche, Papiertüten, Eimer, Körbe, Schüsseln, Handschuhe, Etiketten und Stifte.

### SAATGUT SAMMELN

Die Erntemethode hängt vor allem vom Verbreitungsmechanismus der Pflanze ab. Vom Wind verbreitete Samen kann man einfach aus ihren Kapseln oder Fruchtständen schütteln. Wenn es sich um einen Baum handelt, brauchen Sie dazu wahrscheinlich eine Baumschere mit langen Griffen. Trockene Samen können Sie in eine Papiertüte oder einen Kissenbezug schütteln. Für feuchte Samen, wie Tomatensamen, ist eine Schüssel besser geeignet.

### BEHÄLTER ZUM LAGERN

Prof. César Gómez-Campo von der Technischen Universität Madrid testete 40 verschiedene Behälter auf ihre Fähigkeit, Wasserdampf abzuhalten. Nur versiegelte Messingbehälter, Einmachgläser mit Gummiverschluss, Laborflaschen, die für flüssige Chemikalien verwendet werden und versiegelte Glasampullen verhindern das Eindringen von Feuchtigkeit. Andere Behälter aus Plastik, Glas und Metall werden nach zwei bis drei Jahren durchlässig und eignen sich nur für eine kurzzeitige Lagerung.

## Tipp

Sammeln Sie möglichst keine Samen, die längere Zeit auf dem Boden lagen, sie könnten alt sein oder Insekten haben sie befallen.

## Tipp

Leere Filmdosen eignen sich gut zum Aufbewahren kleiner Samenmengen. Um das Saatgut doppelt zu schützen, kann man diese in Einmachgläsern lagern.

## IHRE EIGENE SAMENBANK

Mithilfe dieser Liste können Sie an Ihrem Ort, in Ihrer Organisation oder in Ihrem Verein eine eigene Samenbank einrichten.

**1.** Ernten Sie die Samen von gesunden Pflanzen und achten Sie jederzeit auf eine sorgfältige Beschriftung.

**2.** Lagern Sie die Samen im Haus sauber und trocken. Denken Sie daran, dass Samen lebendige Gebilde sind, die bei richtiger Behandlung länger am Leben bleiben.

**3.** Lagern Sie die Samen in beschrifteten, luftdichten Behältern.

**4.** Wählen Sie einen kühlen, trockenen, dunklen Ort für Ihre Sammlung: Ein Kühlschrank ist perfekt.

**5.** Wenn Sie ernsthaft sammeln wollen, sollten Sie in einen extra Kühlschrank investieren.

**6.** Wenn Sie Ihre Behältnisse regelmäßig öffnen, sollten Sie Trockenmittel hineingeben. Die eindringende Luftfeuchtigkeit wird absorbiert, das Saatgut bleibt dadurch trocken (siehe S. 41).

**7.** Bewahren Sie immer einige Samen für Tauschbörsen auf.

OBEN Eine Ausrüstung für die eigene Samenbank kann man sich selbst zusammenstellen oder kaufen.

## So profitieren Sie von einer Tauschbörse

Bevor Sie an einer Samentauschbörse teilnehmen, sollten Sie eine Wunschliste schreiben. Es könnten einige seltene und schöne Arten angeboten werden, die viele Menschen gern haben wollen. Bringen Sie als Tauschangebot ebenfalls die Samen attraktiver Arten aus Ihrem Garten mit. Denken Sie daran, dass das neu erworbene Saatgut zu Ihrem Garten, zum Standort, zum Boden und zur Größe des Grundstücks passen muss und bringen Sie nicht mehr mit nach Hause, als Sie aussäen können.

### Bereiten Sie sich vor!

Nehmen Sie eine Kamera, ein Notizbuch und einen Stift mit, damit Sie interessante Tipps aufschreiben und bei Workshops Notizen machen können. Auf Tauschbörsen werden immer viele Informationsbroschüren, Flugblätter und Visitenkarten verteilt. Vielleicht wollen auch Sie Material von sich verteilen. Am wichtigsten ist es natürlich, dass Sie Spaß bei der Sache haben!

OBEN Samentauschbörsen bieten eine großartige Möglichkeit, neues Saatgut zu bekommen.

》 *Des einen Saatgut ist des Nächsten Garten.* 《

JOSIE JEFFERY

## ORDNEN UND BESCHRIFTEN

An Samentauschbörsen nehmen oft viele begeisterte Hobby-
gärtner teil und es kann voll werden! Wenn Sie ein solches
Treffen organisieren oder an einer Tauschbörse teilnehmen
wollen, sollten Sie sich rechtzeitig überlegen, wie Sie Ihr
Saatgut präsentieren. Fertigen Sie kleine Tüten an, die Sie
mit Zeichnungen oder ausgedruckten Bildern verzieren.
Beschriften Sie die Tüten mit wichtigen Informationen, wie
dem Namen der Pflanze, dem Datum, dem Ort, an dem
Sie die Samen geerntet haben, und Tipps zur Kultur. Füllen
Sie in jedes Päckchen 1 bis 2 Teelöffel Samen.

Wenn Sie einen Stand bei der Tauschbörse haben, sollten
Sie Ihr Saatgut in beschrifteten Schachteln aufbewahren,
damit Interessierte sich gut zurechtfinden.

OBEN UND UNTEN Beschriften
Sie alle Samentüten deutlich.
Geben Sie den Pflanzennamen
an, das Datum der Samenab-
nahme und Tipps zur Kultur.

## MODELL EINER SAMENTÜTE

VERSCHLUSS

RÜCKSEITE
(wird auf die seitliche und die untere
Lasche geklebt)

VORDERSEITE

SEITLICHE LASCHE

UNTERE LASCHE

# PFLANZEN AUS SAMEN ZIEHEN

# SUBSTRATE UND PFLANZGEFÄSSE

B evor Sie Ihre Samen aussäen, brauchen Sie ein geeignetes Anzucht-substrat, Pflanzgefäße und einiges mehr.

## DAS SUBSTRAT

Verwenden Sie torffreies Anzuchtsubstrat, das umweltfreundlich und feiner als normales Substrat ist. Es kommt näher mit dem Samen in Kontakt. Anzuchtsubstrat enthält außerdem weniger Nährstoffe, denn die Sämlinge verbrauchen zunächst den im Samen gespeicherten Nährstoffvorrat. Zum Umpflanzen können Sie normales Substrat verwenden. Um die Durchlässigkeit, die Durchlüftung und das Wasserspeichervermögen zu verbessern, mischen Sie einen Teil Perlite mit zwei Teilen Substrat.

### GEEIGNETE PFLANZGEFÄSSE

**Saatschalen aus Plastik** Sie bieten sich für kleine Samen an. Sie sind preiswert, stabil, abwaschbar und wiederverwendbar.
**Saatschalen aus Holz** Sie sind kostspieliger, halten aber viele Jahre lang, wenn man sie sorgfältig behandelt. Sie speichern die Wärme und der Geruch von Zedernholz kann Schädlinge fernhalten.
**Multitöpfe und Töpfe mit 8 cm Durchmesser** Verwenden Sie diese für große Samen, von denen man ein bis drei Stück pro Zelle bzw. Topf aussät, wie Mais oder Bohnen.
**Wiederverwertung** Bepflanzen Sie alte Getränke- und Konserven-dosen, Eimer, Taschen, Schuhe usw. Säubern Sie sie und bohren Sie unten Wasserabzugslöcher.
**Weitere Utensilien** Durchsichtige Abdeckhauben aus Plastik halten die Keimlinge warm

### BEHÄLTER AUS PLASTIKFLASCHEN

Fertigen Sie aus einer Plastikflasche ein Bewässerungs-system an: Halbieren Sie die Flasche, bohren Sie mit einer heißen Nadel Wasserabzugslöcher in das obere Ende und entfernen Sie den Verschluss. Stecken Sie das obere Ende umgekehrt in die untere Hälfte, sodass der Flaschenhals den Boden berührt. Füllen Sie das obere Ende mit Substrat. Säen Sie Samen aus und gießen Sie. Das Wasser sammelt sich am Grund und wird durch Kapillarwirkung wieder aufgenommen.

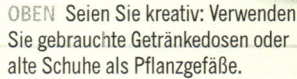

OBEN Seien Sie kreativ: Verwenden Sie gebrauchte Getränkedosen oder alte Schuhe als Pflanzgefäße.

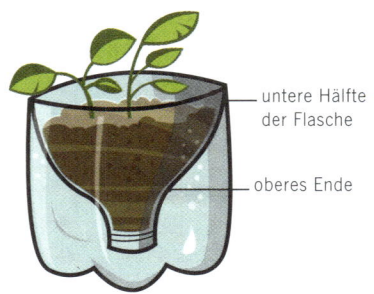

## BEWÄSSERUNGSSYSTEM

untere Hälfte
der Flasche

oberes Ende

OBEN Multitöpfe sind ideal für größere Samen, wie Mais oder Bohnen.

## Tipp

Im Freien ausgesäte Samen müssen Sie möglicherweise mit Netzen vor hungrigen Tieren schützen.

# DIE AUSSAAT

Samen werden je nach Pflanzenart und Jahreszeit im Haus oder direkt im Freien ausgesät. Informieren Sie sich, ob die Samen bestimmte Verfahren zum Brechen der Keimruhe benötigen, wie Aufrauen, Kältebehandlung oder Dunkelheit, bevor sie keimen.

### AUSSAAT IM HAUS

Füllen Sie den Behälter mit Anzuchtsubstrat, ebnen Sie es ein, drücken Sie es vorsichtig an und gießen Sie gut.

**Mischen Sie staubfeine Samen,** wie die von Fingerhut (*Digitalis*), mit feinem, trockenem Sand, bevor Sie sie in flachen Rillen aussäen. So werden sie gleichmäßig verteilt.

**Kleine Samen,** wie Kornblumensamen, sollten Sie dünn auf der Oberfläche verteilen und eine dünne Substratschicht darüber sieben.

**Säen Sie größere Samen,** wie Kürbissamen, in Multitöpfe oder in Töpfe mit 8 cm Durchmesser aus. Bringen Sie je zwei Samen 2 cm tief und mit 2 cm Abstand in einem Topf aus.

Ihr Gefäß sollten Sie mit dem Namen der Pflanze und dem Datum versehen. Sie können einen Eisstiel aus Holz oder etwas Ähnliches beschriften und hineinstecken. Gießen Sie die Samen leicht und bede- cken Sie den Behälter mit Frischhaltefolie, einer Glasscheibe oder der oberen Hälfte einer halbierten durchsichtigen Plastikflasche. Stellen Sie das Gefäß dann an einen warmen und hellen Ort und schauen Sie regelmäßig nach. Halten Sie das Substrat feucht und setzen Sie die Pflänzchen um, wenn sich die ersten Laubblätter entwickeln. Von Zeit zu Zeit sollten Sie das Pflanzgefäß drehen, wenn die Keimlinge sich stark in eine Richtung neigen.

### AUSSAAT IM FREIEN

Bereiten Sie den Boden einige Wochen vor der Aussaat vor. Zer- kleinern Sie Erdklumpen und entfernen Sie Steine und Unkräuter. Arbeiten Sie Zuschlagstoffe zur Bodenverbesserung ein. Vor der Aussaat müssen Sie wahrscheinlich abermals Unkraut jäten und rechen, sodass die Erdoberfläche feinkrümelig wird. Sie können Ihre Samen breitwürfig mit der Hand aussäen und danach mit dem Rechen einarbeiten oder in Rillen ausbringen.

Markieren Sie, wo Sie ausgesät haben, damit Sie nicht verse- hentlich beim Jäten die Sämlinge mit auszupfen. Informieren Sie sich vorher, wie Ihre Sämlinge aussehen.

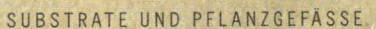

## MULCHEN UND ABDECKEN

Mulchen bedeutet, dass Material auf der Bodenoberfläche
verteilt und nicht eingearbeitet wird. Bei der Aussaat wird
meist eine Schicht Feinkies, Splitt oder Vermiculit ausgebracht. Das Mulchen ist nicht notwendig, aber hilfreich,
denn so wird die Feuchtigkeit besser im Boden gehalten
und Nährstoffe werden nicht ausgeschwemmt. Außerdem
verhindert die Mulchschicht, dass kleinere Samen beim
Gießen fortgespült werden. Die Dicke der Schicht hängt
vom Saatgut ab. Je größer die Samen, desto dicker kann
die Mulchschicht sein.

### TREIBHAUSEFFEKT
Um Wärme und Feuchtigkeit zu halten, können Sie eine
Kunststofffolie über das Pflanzgefäß legen oder es in
eine Kunststofftüte stellen. Entfernen Sie die Abdeckung, sobald die
Sämlinge erscheinen.

### GEWÄCHSHAUSKLIMA IN DER PLASTIKFLASCHE
Halbierte Plastikflaschen haben denselben Effekt. Im Freien schützen
sie Pflänzchen vor Schädlingen und Kälte. Benutzen Sie die obere Fla-
schenhälfte ohne den Verschluss. Stülpen Sie die halbe Flasche über
eine einzelne Pflanze, sodass die Ränder 5 cm tief im Boden stecken.

### ABDECKUNGEN
Schutzbedürftige Pflanzen kann man mit Draht schützen,
den man zu einem Halbkreis biegt und mit Vlies oder
durchsichtiger Kunststofffolie bedeckt. Stecken Sie die Enden
des Drahts fest in den Boden. Im Gartencenter können Sie
fertige Hauben kaufen.

**OBEN** Diese halbierte Plastikflasche schützt junge Pflanzen
vor Schädlingen und Kälte.

**LINKS UND RECHTS** Biegsame
Plastikstäbe ergeben ein Gerüst, über
das Sie Vlies oder Folie und später ein
Netz legen können, um kleine Tiere
von den Pflanzen fernzuhalten.

## GIESSEN

Nach der Aussaat muss täglich gewässert werden, damit die Samen keimen. Sie nehmen Wasser auf und quellen, bis die Samenschale aufspringt. Auch die sich entwickelnden Keimlinge brauchen ständig Wasser. Halten Sie die Erde feucht, aber nicht staunass.

### JUNGPFLANZEN WÄSSERN

Gießen Sie wenig, aber häufig. Übergießen kann zu Krankheiten führen. Verwenden Sie eine Gießkanne mit feinem Brausekopf oder ein Sprühgerät, damit die Substratoberfläche nicht gestört wird.

### EINE SELBST GEFERTIGTE BEWÄSSERUNGSHILFE

Wenn Ihre Pflanzen im Freien wachsen, besorgt der Regen das Wässern. Bei längerer Trockenheit müssen Sie jedoch zusätzlich gießen. Eine Bewässerungshilfe aus einer Plastikflasche ist perfekt. Das Wasser sickert langsam in den Boden um die Wurzeln. Sie können natürlich auch ein Bewässerungssystem im Gartencenter kaufen.

**1.** Bohren Sie kleine Löcher in den Verschluss einer Plastikflasche.
**2.** Schneiden Sie den Boden der Flasche ab. Sie erhalten einen Trichter, in dem sich Regenwasser sammelt.
**3.** Vergraben Sie das obere Drittel der Flasche neben der Pflanze, sodass der Hals in der Erde ist, und füllen Sie die Flasche mit Wasser. Füllen Sie wenn nötig täglich Wasser nach. Sie können mit solch einem Trichter auch Flüssigdünger ausbringen.

> *Tipp*
>
> Gießen Sie im Garten nach Möglichkeit mit Wasser aus der Regentonne. Auf diese Weise sparen Sie Trinkwasser (aufbereitetes Wasser) und Energie.

UNTEN Um Brandflecken auf den Pflanzen zu vermeiden und damit das Wasser nicht zu schnell verdunstet, gießen Sie am besten am Morgen oder am späten Nachmittag.

## BEWÄSSERUNGSHILFE

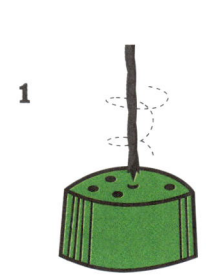

1

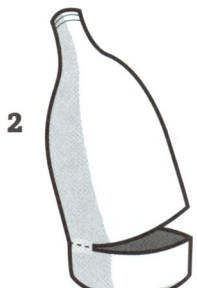

2

3

# DIE JUNGEN PFLANZEN

Sehr junge Pflanzen brauchen viel umsichtige Pflege, denn sie können durch mechanische Beschädigung, Übergießen, Trockenheit, Krankheiten und Schädlinge Schaden nehmen. Ihre Wurzeln und Triebe sind zart. Man muss sie vorsichtig behandeln, bis man sie in den Garten auspflanzt.

## PIKIEREN DER SÄMLINGE

Meistens pikiert (vereinzelt) man die Sämlinge, wenn das erste Paar echter Blätter austreibt (die anders aussehen als die Keimblätter). Zu dicht stehende Pflanzen konkurrieren um Platz, Wasser und Nährstoffe, deshalb müssen schwächere Sämlinge entfernt werden, damit die kräftigeren gedeihen können.

**1.** Füllen Sie eine Topfplatte mit Substrat und bohren Sie in jeden Abschnitt mit dem stumpfen Ende eines Bleistifts ein Loch. Lockern Sie mit dem spitzen Ende die Erde um einen Sämling.

**2.** Fassen Sie den Sämling an einem Keimblatt und ziehen Sie ihn vorsichtig aus der Erde. Es macht nichts, wenn Sie das Blatt ein wenig beschädigen. Wenn jedoch die Wurzeln abreißen, verwelkt er. Stecken Sie die Wurzeln in das vorgebohrte Loch. Betten Sie das Pflänzchen mit dem stumpfen Ende des Bleistifts vorsichtig ein.

**3.** Gießen Sie mit feiner Brause und etikettieren Sie.

OBEN Diese Sämlinge haben mehrere echte Laubblätter ausgebildet und können einzeln in größere Töpfe umgepflanzt werden.

## PIKIEREN

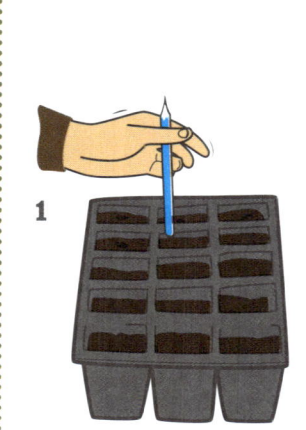

**1**

**2**

**3**

## DÜNGEN UND UMTOPFEN

Die vereinzelten Pflänzchen sollten Sie alle 2 Wochen mit einem ausgewogenen Flüssigdünger düngen. Prüfen Sie aber, ob das Substrat, das Sie verwenden, nicht bereits Dünger enthält. Wenn Sie die Samen direkt in Töpfen aussäen, können Sie vorher Körner von Langzeitdünger am Boden des Topfs mit Substrat mischen, um Nährstoffe bereitzustellen.

### UMTOPFEN

Wenn die Pflänzchen schließlich zu groß für die Töpfe sind, werden sie in größere Töpfe umgesetzt. Wenn sie bereits groß genug sind, kann man sie direkt ins Freie pflanzen.

**1.** Um die Pflanze aus dem Topf zu nehmen, drehen Sie diesen vorsichtig um und drücken Sie die Seiten und den Boden nach innen, um den Wurzelballen zu lockern, sodass er herausfällt.

**2.** Verteilen Sie am Boden eines Topfs mit 8 bis 9 cm Durchmesser eine dünne Schicht Substrat und stellen Sie den Wurzelballen hinein.

**3.** Füllen Sie weiteres Substrat ein und drücken Sie es vorsichtig fest, sodass ein 1 cm breiter Abstand zur Topfoberkante bleibt. Etikettieren und gießen Sie.

OBEN Diese Sellerie-pflänzchen können bald ins Freie umgesetzt werden.

## UMTOPFEN

1

2

3

# UMSETZEN INS FREIE

Die Sämlinge, die Sie im Haus herangezogen haben, sind nun zu jungen Pflanzen herangewachsen. Sie brauchen eine helfende Hand, die sie darauf vorbereitet, das warme Nest einer geheizten Umgebung zu verlassen, um künftig im Garten zu gedeihen – wo sie sich weitgehend selbst behaupten müssen.

## AUSPFLANZEN IN DEN GARTEN

### ABHÄRTEN
Ihre verwöhnten Pflanzen müssen sich erst allmählich an die Bedingungen im Freiland gewöhnen, bevor man sie nach draußen pflanzt. Nach ein bis zwei Wochen in einem kühlen Gewächshaus oder Frühbeet sind sie abgehärtet und die Kutikula der Blätter und Stängel ist dicker. Jetzt sind die Pflanzen kräftiger und ertragen Kälte besser.

### VERPFLANZEN
**1.** Wässern Sie die Pflanze am Tag vor dem Umpflanzen und nochmals, bevor Sie sie aus dem Topf nehmen.
**2.** Graben Sie ein Loch, das etwas größer als der Wurzelballen ist und wässern Sie, bevor Sie die Pflanze hineinsetzen.
**3.** Stellen Sie den Wurzelballen in das Loch und füllen Sie es zur Hälfte mit Wasser. Warten Sie, bis es abgeflossen ist. Füllen Sie das Loch mit Erde, die Sie vorsichtig festdrücken. Gießen Sie nochmal und während der ersten Wochen täglich.

### Tipp
Sie können zusätzlich gut verrottetes organisches Material oder Substrat in das Pflanzloch füllen und später eine lockere Mulchschicht ausbringen.

## AUSPFLANZEN

## PFLEGE

Auch angewachsene Pflanzen brauchen Pflege. Einige müssen gestützt werden, andere benötigen ein Gerüst, an dem sie emporklettern können, oder sie müssen beschnitten werden. Unkräuter sollten rechtzeitig gejätet werden, damit sie nicht mit Ihren Pflanzen um Wasser und Nährstoffe konkurrieren. Je mehr Unkräuter wachsen, desto mehr haben Ihre Pflanzen zu kämpfen. Engagierte Gärtner entfernen welke Blüten, um neue Blütenbildung anzuregen. Außerdem sehen die Pflanzen dann attraktiver aus. Entfernen Sie jedoch keine welken Blütenstände, aus denen Sie Samen gewinnen wollen! Prüfen Sie, ob die Pflanzen von Krankheiten oder Schädlingen befallen sind oder wo sich Anzeichen für Nährstoffmangel zeigen. Verräterisch sind eine Veränderung der Blattfärbung, Flecken und Löcher in den Blättern und welke Pflanzenteile.

Gesunde, wuchskräftige Pflanzen sind viel weniger anfällig für Krankheiten und Schädlinge. Man erhält sie gesund, indem man ausreichend Nährstoffe bereitstellt. Die meisten Pflanzen benötigen Stickstoff (N), der den Blattwuchs fördert, Phosphor (P) für Wurzeln und Triebe sowie Kalium (K) für Blüten und Früchte. Das Verhältnis dieser Elemente zueinander ist auf der Düngerpackung aufgeführt. Je nach Art des Düngers unterscheiden sich die Zahlenwerte im Verhältnis von N : P : K. Einige Dünger enthalten auch Magnesium oder Spurenelemente wie Eisen. Es werden Dünger natürlichen Ursprungs (wie Fisch-, Blut- und Knochenmehl) und synthetische Düngemittel (Kunstdünger) angeboten. Natürliche Dünger wirken tendenziell langsamer. Falls Sie biologisch gärtnern wollen, passen diese wahrscheinlich besser zu Ihrer Einstellung.

Versorgen Sie die Pflanze mit ausreichend Nährstoffen, indem Sie den Boden vor dem Bepflanzen gründlich vorbereiten. Sie können gut verrotteten Mist einarbeiten, um die Fruchtbarkeit zu fördern, oder vor der Aussaat Ihrer Kulturpflanzen im Saatbeet Gründüngungspflanzen aussäen, wie Buchweizen (rechts) oder Klee.

**OBEN** Wenn Sie nicht wollen, dass Ihre wertvollen Pflanzen mit Wildkräutern konkurrieren müssen, sollten Sie regelmäßig jäten.

**OBEN** In diesem Gemüsegarten wachsen jede Menge essbare Früchte und Blätter heran. Später können Sie auch die Samen ernten.

# GEREIFTE PFLANZEN

Ihre Pflanzen haben bisher allerhand geleistet und sind nun dabei, ihren Wachstumszyklus abzuschließen. Die Blüten werden sich bald öffnen (ein sehnsüchtig erwarteter Moment), und es ist an der Zeit, die Samenernte vorzubereiten.

## DIE BILDUNG DER SAMEN

Markieren Sie einige gesunde Pflanzen, um davon Samen abzunehmen. Günstig ist es, wenn sie nah beieinanderstehen, vor allem dann, wenn Sie sie mit einem Käfig umgeben wollen. Wenn Sie selbstbestäubte Blüten in Tüten packen wollen, können die Pflanzen auch voneinander entfernt stehen.

Überlassen Sie die restlichen Blüten in Ihrem Garten Nahrung suchenden Bienen und Schmetterlingen. Diese Bestäuber leisten wertvolle Arbeit. Die heranreifenden Früchte und Samen bieten vielen anderen Tieren im Garten Nahrung. Außerdem finden sie in Ihrer Küche Verwendung.

Ihre Pflanzen haben den Kreislauf vom Samen zur Blüte und wieder zum Samen abgeschlossen. Sie haben sie dabei unterstützt und können stolz auf sich sein!

LINKS Der Entwicklungszyklus ist abgeschlossen, wenn die Pflanze Samen gebildet hat.

# STECKBRIEFE

# EIGENER SAMENBAU

Eine Auswahl beliebter Gemüse-Arten, wie Kürbis und Aubergine, Tomate, Gurke und Salat finden Sie im folgenden Teil des Buchs. Auch verschiedene Kräuter, wie Koriander und Fenchel, werden vorgestellt. Den Abschluss bilden attraktive Blumen, wie die Stockrose. Sie lernen auch einige weniger bekannte Nutzpflanzen kennen, darunter Okra und Quinoa. Der Teil ist in Gemüsepflanzen, Kräuter, Pflanzen für Salate und Blumen unterteilt. Bei jedem Steckbrief finden Sie Informationen zur Aussaat, zum Auspflanzen ins Freiland, zur Samenernte und zur Behandlung des Saatguts. Außerdem wird darauf hingewiesen, wie leicht oder schwierig es ist, die Samen der Pflanze zu gewinnen und aus ihnen neue Pflanzen zu ziehen.

*≫Es lohnt sich in vielerlei Hinsicht, einen Garten zu bestellen. Die Pflanzen schenken mir so viel: Lebensmittel, herrliche Farben und Düfte sowie ihre Nachkommen. Für mich ist das Sammeln und Bewahren von Saatgut eine der schönsten Aufgaben im Garten.≪*

JOSIE JEFFERY

# Gemüse

Die Kultur von Gemüse gehört zu den am meisten
befriedigenden Tätigkeiten im Garten. Die Pflanzen, die im
eigenen Gemüsebeet herangewachsen sind, erweisen sich
als gesundheitsfördernd – außerdem schonen
sie den Geldbeutel.

In diesem Teil werden häufig angebaute bzw.
beliebte und außerdem einige ungewöhnliche
Gemüse-Arten vorgestellt.

# AUBERGINE
## *Solanum melongena*

**FEUCHTE SAMEN**

**PORTRÄT:** Die Aubergine stammt aus Indien. Wie auch Tomaten und Paprika gehört sie der Familie der Nachtschattengewächse (Solanaceae) an. Auberginen sind weltweit beliebt und werden unter anderem in Mussaka, Chutneys, Currys und zu Dips verarbeitet.

Die etwa 1 m hohe, mehrjährige Pflanze hat einen behaarten Stängel und große raue Blätter. Die violetten Zwitterblüten öffnen sich von Juli bis September. Aus ihnen bilden sich ab August bis in den Oktober die glänzenden, meist schwarzvioletten Früchte.

Pflanzen Sie nur eine Sorte isoliert an, wenn Sie samenfestes Saatgut gewinnen wollen, denn die selbstbestäubten Blüten werden auch von Insekten bestäubt.

**AUSSAAT:** Säen Sie von März bis April im Haus aus, je 2 Samen pro 8-cm-Topf mit Anzuchtsubstrat. Decken Sie den Topf mit Frischhaltefolie ab und stellen Sie ihn auf eine helle Fensterbank.

**KEIMDAUER:** 7–14 Tage

**PFLEGE:** Kultivieren Sie in feuchter, durchlässiger Erde, pH-Wert 6,0–6,5. Wählen Sie einen warmen, sonnigen, geschützten Standort und stützen Sie die Pflanzen. Ziehen Sie Auberginen mit 60–70 cm Abstand oder einzeln in Töpfen. In kühleren Regionen reifen die Früchte im Freien oft nicht aus, sodass sich der Anbau in einem nicht geheizten Gewächshaus empfiehlt. Gießen Sie regelmäßig und düngen Sie alle 10–12 Tage mit Tomaten-Flüssigdünger.

**KRANKHEITEN UND SCHÄDLINGE:** Blütenendfäule, Grauschimmel; Rote Spinne, Blattläuse, Weiße Fliege

**ERTRAG:** Etwa 4 Früchte pro Pflanze, frühestens 12 Wochen nach der Aussaat

**SAMENGEWINNUNG:** Sie müssen das natürliche Verfaulen der Frucht nachahmen, damit die Samen später keimen. Lagern Sie überreife Früchte mehrere Wochen lang bei Raumtemperatur. Schaben Sie das Fruchtfleisch mit den Samen in eine Schüssel mit Wasser. Sieben Sie dann die Samen heraus, die Sie auf einem Teller trocknen. Zur Aufbewahrung dient ein luftdichter Behälter. Sie können die Hälfte des Saatguts fermentieren (siehe S. 46).

**ERFORDERLICH:** Bestäubungskäfige • Isolation: 15,5 m

**SCHWIERIGKEIT:** Mittel

**HALTBARKEIT DES SAATGUTS:** 10+ Jahre

# ROTE BETE
## *Beta vulgaris*

**PORTRÄT:** Diese zweijährige Pflanze bildet tiefrote Knollen, ihr Saft hinterlässt hartnäckige rote Flecken. Sie gehört wie Spinat zur Familie der Gänsefußgewächse (Chenopodiaceae). Blätter und Knolle können roh oder gekocht verzehrt werden. Die Knollen sind rund, lang gestreckt oder oval, die Schale ist gelb, weiß, dunkelrot oder violett. Junge Blätter können Sie roh als Salat zubereiten.

Die Pflanze blüht im zweiten Jahr nach der Aussaat und bildet dann Samen. Die Blüten sind windbestäubt. Die Pflanzen kreuzen sich mit anderen Mitgliedern der Familie.

**AUSSAAT:** Säen Sie im Frühjahr im Freien in einer 2 cm tiefen Rille aus. Sie können auch satzweise im Abstand von 3 Wochen aussäen und über einen längeren Zeitraum ernten. Wenn Sie die Samen über Nacht quellen lassen, keimen sie früher.

**KEIMDAUER:** 7–30 Tage

**PFLEGE:** Kultivieren Sie in durchlässigem, unkrautfreiem, nährstoffreichem Boden, pH-Wert 6,0–6,8. Samen von Rote Bete sind zu Knäueln verwachsen. Vereinzeln Sie daher die Sämlinge später auf einen Abstand von 5–10 cm. Schneiden Sie dazu am besten die Blätter der überschüssigen Sämlinge ab, denn so verletzen Sie die Wurzeln der benachbarten Pflänzchen nicht. Schützen Sie die verbleibenden Sämlinge mit halbierten Plastikflaschen vor Schädlingen. Der Boden sollte immer feucht sein. Stützen Sie im zweiten Jahr, falls nötig, die Blütenstände.

**KRANKHEITEN UND SCHÄDLINGE:** Blattfleckenkrankheit, Wurzelfäule; Blattläuse, Schnecken

**ERTRAG:** 1 Knolle pro Pflanze, etwa 8 Wochen nach der Aussaat

**SAMENGEWINNUNG:** Wenn die Pflanze nach der Blüte abstirbt, schneiden Sie den Stängel ab und stecken ihn kopfüber in eine Papiertüte. Wenn sie trocken sind, können Sie die Samen mit der Hand abstreifen. Aufbewahrung in einem luftdichten Behälter.

**ERFORDERLICH:** Bestäubungskäfige • Isolation: 800 m

**SCHWIERIGKEIT:** Arbeitsintensiv

**HALTBARKEIT DES SAATGUTS:** 6 Jahre

**TROCKENE SAMEN**

# KOPFKOHL
## *Brassica oleracea* Capitata-Gruppe

**PORTRÄT:** Die zweijährige Pflanze stammt aus Eurasien. Kopfkohl gehört wie Brokkoli, Blumenkohl und Steckrüben zur Familie der Kreuzblütler (Brassicaceae). Die Blätter kann man auf vielerlei Weise in der Küche verarbeiten.

**TROCKENE SAMEN**

Die dicht beblätterte, gestauchte Sprossachse bildet den Kohlkopf. Die Blätter sind meistens grün, manchmal violett oder rötlich getönt. Es gibt Frühjahrs-, Sommer-, Herbst- und Wintersorten.

Im zweiten Jahr bilden die Pflanzen Blütenstände. Nach der Samenbildung sterben sie ab. Die Blüten sind insektenbestäubt. Die Pflanzen kreuzen sich manchmal mit anderen Mitgliedern der Familie.

**AUSSAAT:** Im Freien in gut 1 cm tiefen Rillen mit 15 cm Abstand; Frühjahrskohl wird im Spätsommer oder Frühherbst ausgesät, Sommerkohl im Frühjahr und Winterkohl im Frühjahr oder Frühsommer.

**KEIMDAUER:** 5–7 Tage

**PFLEGE:** Wählen Sie einen Standort in der Sonne oder im Halbschatten in gepflegtem, strukturstabilem durchlässigem Boden, pH-Wert 6,5–7,5. Kopfkohl gedeiht in kühleren Gegenden am besten und braucht eine Kälteperiode, bevor er blüht und Samen bildet. Die Pflanzen sollten je nach Sorte 15–45 cm Abstand haben.

**KRANKHEITEN UND SCHÄDLINGE:** Kohlhernie, Echter und Falscher Mehltau; Blattläuse, Weiße Fliege, Blattkäfer, Schmetterlingsraupen, Schnecken, Vögel

**ERTRAG:** 1 Kohlkopf pro Pflanze, 10–36 Wochen nach der Aussaat, je nach Sorte

**SAMENGEWINNUNG:** Lassen Sie 6 gesunde Pflanzen für die Samengewinnung stehen. Wenn sich die Schoten braun färben, werden die Samen ausgestreut. Ernten Sie sie kurz vorher, wenn die Schoten trocken sind. Sie können die ganze Pflanze abschneiden und im Haus auf einem Tuch weitertrocknen. Die Samen fallen heraus, wenn Sie den Samenstand zwischen zwei Tücher legen und vorsichtig mit den Füßen darauf herumtreten. Trocknen Sie das Saatgut sorgfältig. Lagern Sie es in einem luftdichten Behälter.

**ERFORDERLICH:** Bestäubungskäfige • Isolation: 1,6 km • Reistrocknung (siehe S. 41)

**SCHWIERIGKEIT:** Arbeitsintensiv

**HALTBARKEIT DES SAATGUTS:** Bis zu 7 Jahre

# KAROTTE
## *Daucus carota* subsp. *sativus*

TROCKENE SAMEN

**PORTRÄT:** Die zweijährige Pflanze stammt aus Eurasien und gehört wie Fenchel und Sellerie zur Familie der Doldenblütler (Apiaceae). Das Wurzelgemüse ist in den meisten Teilen der Erde beliebt.

Auch die gefiederten Blätter sind essbar. Die Pfahlwurzeln können violett, gelb, weißlich oder rot sein, orangefarbene Karotten sind jedoch am bekanntesten. Wenn die Pflanzen nicht geerntet werden, bilden sich im zweiten Jahr Dolden mit kleinen weißen Blüten, aus denen sich Spaltfrüchte entwickeln.

Karotten sind insektenbestäubt und kreuzen sich mit der Wilden Möhre (*Daucus carota* subsp. *carota*).

**AUSSAAT:** Säen Sie die Samen ab April im Freien mit 1 cm Abstand in 2 cm tiefen Rillen aus. Zwischen den Reihen sollten 15 cm Abstand bleiben.

**KEIMDAUER:** 14 Tage

**PFLEGE:** Kultivieren Sie in voller Sonne, der Boden sollte frei von Steinen sein, pH-Wert 6,5–7,5. Arbeiten Sie vorher viel gut verrottetes organisches Material ein. In schweren, steinigen Böden verzweigen sich die Wurzeln. Vereinzeln Sie, sodass 10 cm zwischen den Pflanzen bleiben. Mulchen Sie mit einer dicken Strohschicht, wenn Sie die Pflanzen den Winter über in der Erde lassen wollen.

**KRANKHEITEN UND SCHÄDLINGE:** Echter und Falscher Mehltau, Violetter Wurzeltöter; Blattläuse, Möhrenfliege

**ERTRAG:** Jeweils 1 Wurzel, 3–4 Monate nach der Saat

**SAMENGEWINNUNG:** Lassen Sie mehrere Pflanzen den Winter über in der Erde, damit sie im nächsten Jahr blühen. Wenn der Fruchtstand braun und trocken ist, schneiden Sie ihn ab und bewahren Sie ihn etwa eine Woche lang in einer Papiertüte auf. Legen Sie Zeitungspapier aus und reiben Sie die Dolden zwischen Ihren Handflächen, um das Saatgut abzutrennen. Der Staub kann Allergien hervorrufen, tragen Sie deshalb eine Staubschutzmaske. Bewahren Sie das Saatgut in einem luftdichten Behälter auf.

**ERFORDERLICH:** Bestäubungskäfige • Isolation: 800 m

**SCHWIERIGKEIT:** Arbeitsintensiv

**HALTBARKEIT DES SAATGUTS:** 3 Jahre

# KNOLLEN-SELLERIE
## *Apium graveolens* var. *rapaceum*

**TROCKENE SAMEN**

**PORTRÄT:** Diese zweijährige Pflanze aus der Mittelmeerregion gehört wie Fenchel und Karotten zur Familie der Doldenblütler (Apiaceae). Die Knolle wird roh oder gekocht verzehrt. Richtig gelagert hält sie sich bis zu 6 Monate lang.

Die Pflanze wird bis 1 m hoch und hat gefiederte Blätter. Die Knolle entwickelt sich im ersten Jahr. Wenn die Pflanze überwintert, erscheinen im zweiten Jahr Dolden mit cremeweißen Blüten.

Die Blüten werden von Insekten bestäubt.

**AUSSAAT:** Säen Sie im Frühjahr im Haus aus: Drücken Sie die Samen leicht in eine Saatschale mit Anzuchterde und gießen Sie von unten. Es kann hilfreich sein, die Samen über Nacht einzuweichen. Bedecken Sie die Saatschale mit Frischhaltefolie. Wenn die ersten Laubblätter der Sämlinge sichtbar werden, sollten Sie sie eine Woche lang in einem kalten Kasten oder ungeheizten Gewächshaus abhärten. Pflanzen Sie ab Mitte Mai mit 20 cm Abstand ins Freiland. Die Reihen sollten 45 cm Abstand haben.

**KEIMDAUER:** 14–21 Tage

**PFLEGE:** Kultivieren Sie in voller Sonne oder im Halbschatten in feuchtem, nährstoffreichem Boden, pH-Wert 6,6–7,0. Gießen Sie im Sommer alle 4–7 Tage und mulchen Sie, um Feuchtigkeit im Boden zu bewahren. Bringen Sie stickstoffbetonten Dünger aus, wenn die Blätter bleich aussehen. Im Juli sollten Sie die äußeren Blätter abpflücken und Erde anhäufeln, damit sich die Knollen glatt ausbilden. Ihr Geschmack ist nach dem ersten Frost intensiver.

**KRANKHEITEN UND SCHÄDLINGE:** Blattfleckenkrankheiten, Violetter Wurzeltöter; Möhrenfliege, Selleriefliege, Schnecken

**ERTRAG:** 1 Knolle pro Pflanze, 4–5 Monate nach der Saat

**SAMENGEWINNUNG:** Überwintern Sie 3 Pflanzen, damit sie im nächsten Jahr blühen können. Ernten Sie die Samen, wenn sie sich braun gefärbt haben und trocken sind. Breiten Sie das Saatgut auf Papier aus, lassen Sie es völlig trocken werden und bewahren Sie die Samen in einem luftdichten Behälter auf.

**ERFORDERLICH:** Bestäubungskäfige • Isolation: etwa 1,6 km

**SCHWIERIGKEIT:** Arbeitsintensiv

**HALTBARKEIT DES SAATGUTS:** 5 Jahre

# CHILI
## *Capsicum*-Arten

FEUCHTE SAMEN

**PORTRÄT:** Diese kurzlebige, frostempfindliche Mehrjährige stammt aus Amerika. Sie gehört wie die Tomate der Familie der Nachtschattengewächse (Solanaceae) an und bildet scharfe, je nach Sorte unterschiedliche Früchte, die beim Reifen ihre Farbe verändern. Die niedrigen, buschigen Pflanzen tragen in den wärmeren Monaten viele kleine, weißliche Blüten. Wenn sie bestäubt werden, entwickeln sie sich zu Früchten.

Die selbstbestäubten Blüten werden auch von Insekten bestäubt. Die Pflanzen kreuzen sich mit anderen *Capsicum*-Arten und -Sorten.

**AUSSAAT:** Sterilisieren Sie im Spätwinter Saatschalen mit kochendem Wasser und füllen Sie Anzuchtsubstrat ein. Bedecken Sie die Samen mit einer 5 mm dicken Substratschicht. Besprühen Sie die Saat täglich mit Wasser. Stellen Sie die Saatschale bei 18–21 °C an eine helle Stelle im Haus und pflanzen Sie erst ins Freie, wenn keine Fröste mehr zu erwarten sind.

**KEIMDAUER:** 4–6 Wochen

**PFLEGE:** Kultivieren Sie am besten in einem Gewächshaus oder Folientunnel: Die Temperatur sollte immer über 18 °C liegen, der Boden sollte leicht und durchlässig sein, pH-Wert 6,0. Pflanzen Sie mit 50 cm Abstand oder einzeln in Töpfe. Die Durchlässigkeit des Substrats können Sie mit Perlite oder Vermiculit verbessern. Düngen Sie jede Woche mit Tomaten-Flüssigdünger, wenn die Pflanzen blühen.

**KRANKHEITEN UND SCHÄDLINGE:** Grauschimmel; Rote Spinne, Blattläuse, Weiße Fliege

**ERTRAG:** Viele Früchte, 4–5 Monate nach der Aussaat

**SAMENGEWINNUNG:** Wählen Sie gesunde, vollreife Früchte aus. Schneiden Sie sie auf und holen Sie die Samen heraus. Breiten Sie das Saatgut zum Trocknen auf einem Küchentuch aus. Bewahren Sie es in einem luftdichten Behälter mit Reis als Trockenmittel auf (siehe S. 41) und lagern Sie es im Kühlschrank. Tragen Sie beim Umgang mit den Chilischoten Handschuhe.

**ERFORDERLICH:** Abdecken der Blüten mit Tüten • Bestäubungskäfige • Isolation: 150 m

**SCHWIERIGKEIT:** Mittel

**HALTBARKEIT DES SAATGUTS:** 5 Jahre, gefroren 10+ Jahre

# ZUCCHINI
## *Cucurbita pepo*

**FEUCHTE SAMEN**

**PORTRÄT:** Zucchini stammen aus Amerika. Die mittelhohen, einjährigen Pflanzen gehören wie Kürbisse zur Familie der Gurkengewächse (Cucurbitaceae). Sie werden gekocht oder roh verzehrt.

Ausgewachsene Pflanzen tragen raue Blätter. Die gelben, trichterförmigen Blüten öffnen sich zur Mitte des Sommers bis in den Spätsommer, zuerst die männlichen und später die weiblichen, bei denen sich an der Basis ein Fruchtknoten befindet. Nach der Befruchtung entwickelt sich eine glänzend grüne bis bleiche, längliche oder rundliche Frucht, oft mit Streifen oder Flecken.

Die Blüten sind insektenbestäubt. Zucchini kreuzen sich mit nah verwandten Pflanzen.

**AUSSAAT:** Säen Sie die Samen im Haus von März bis Mai einzeln 2,5 cm tief in 8-cm-Töpfen aus. Im Freien können Sie ab Mitte Mai aussäen, jeweils 2 Samen an einer Stelle, 2,5 cm tief. Wenn beide Samen keimen, entfernen Sie den schwächeren Sämling.

**KEIMDAUER:** 7 Tage

**PFLEGE:** Kultivieren Sie in durchlässigem, gepflegtem Boden, pH-Wert 6,0–6,5. Mulchen Sie und düngen Sie mit einem ausgeglichenen Dünger. Gießen Sie während der Wachstumszeit gründlich. Düngen Sie wöchentlich mit Tomaten-Flüssigdünger, wenn die Pflanzen blühen. Früchte für die Küche sollten Sie ernten, wenn sie jung und zart sind. Zur Samengewinnung müssen sie allerdings ausreifen. Legen Sie sie auf einen Stein, damit sie nicht faulen. Für samenfestes Saatgut können Sie von Hand bestäuben (siehe S. 27).

**KRANKHEITEN UND SCHÄDLINGE:** Gurkenmosaikvirus, Echter Mehltau; Rote Spinne, Weiße Fliege, Schnecken

**ERTRAG:** 16 pro Pflanze, 2–3 Monate nach der Aussaat

**SAMENGEWINNUNG:** Pflücken Sie die Zucchini-Früchte etwa 20 Tage, nachdem sie ausgereift sind. Entnehmen Sie das Fruchtfleisch mit den Samen, waschen und sieben Sie. Trocknen Sie die Samen mehrere Wochen lang auf einem Teller. Die Aufbewahrung des Saatguts erfolgt in einem luftdichten Behälter.

**ERFORDERLICH:** Handbestäubung • Isolation: 800 m

**SCHWIERIGKEIT:** Mittel

**HALTBARKEIT DES SAATGUTS:** 6–10 Jahre

# LAUCH, PORREE
## *Allium porrum*

**PORTRÄT:** Die zweijährige Pflanze ist in Eurasien heimisch und als Mitglied der Familie der Zwiebelgewächse (Alliaceae) mit Küchenzwiebeln und Knoblauch verwandt. Lauch bildet keine Zwiebel, sondern dicht gepackte Blätter. Lauch kann vielfältig verarbeitet werden. Anders als Küchenzwiebeln, die im Winter bis auf die unterirdische Zwiebel absterben, ist er immergrün und kälteverträglich, sodass man ihn für die Ernte im Winter einschlagen kann. Der Blütenstand entwickelt sich im zweiten Jahr. Dann wird die Pflanze ungenießbar, denn im Innern bildet sich ein harter Schaft.

Lauch wird von Insekten bestäubt. Er kreuzt sich mit anderen Lauchsorten, aber nicht mit Küchenzwiebeln.

**AUSSAAT:** Säen Sie im zeitigen Frühjahr im Freien 1 cm tief aus. Die Reihen sollten 30 cm Abstand haben. Vereinzeln Sie einen Monat später auf 15 cm Abstand zwischen den Pflänzchen. Überzählige Pflanzen können Sie an anderer Stelle einsetzen.

**KEIMDAUER:** 14 Tage

**PFLEGE:** Kultivieren Sie an einem sonnigen, geschützten Standort in durchlässigem, gepflegtem Boden, pH-Wert 6,0–6,5. Verbessern Sie den Boden im Herbst zuvor mit gut verrottetem organischem Material. Sie können ab dem Frühherbst ernten.

**KRANKHEITEN UND SCHÄDLINGE:** Porreerost; Lauchmotte, Zwiebelfliege

**ERTRAG:** 1 Stange pro Pflanze, 5–6 Monate nach der Saat

**SAMENGEWINNUNG:** Der Blütenstand hat einen bis zu 1,8 m langen Schaft, die Samenreife dauert länger als bei der Küchenzwiebel. Trockene Samen verstreuen sich. Der Trick ist es, sie zu ernten, bevor das geschieht. Wenn die Samen schwarz werden, schneiden Sie den Schaft ab und stecken Sie den Fruchtstand in einen Kissenbezug. Lassen Sie ihn 3 Wochen im Haus trocknen. Worfeln und sieben Sie die winzigen Samen vorsichtig. Trocknen Sie das Saatgut und bewahren Sie es in einem luftdichten Behälter auf.

**ERFORDERLICH:** Abdeckung der Blüten mit Tüten • Bestäubungskäfige • Isolation: 1,6 km

**SCHWIERIGKEIT:** Arbeitsintensiv

**HALTBARKEIT DES SAATGUTS:** 3–9 Jahre

# OKRA
## *Abelmoschus esculentus*

TROCKENE SAMEN

**BESCHREIBUNG:** Diese 2 m hohe, einjährige Pflanze stammt aus Afrika. Sie gehört wie die Stockrose zur Familie der Malvengewächse (Malvaceae). Ihre Kapselfrüchte (die »Okraschoten«) dienen als Gemüse. Wenn man sie aufschneidet, sondern sie einen klebrigen, dickflüssigen Saft ab, mit dem man Suppen andicken kann.

Okra hat große gelappte Blätter und Blüten mit 5 weißen oder gelben Kronblättern, die an der Basis rote oder violette Flecken aufweisen. Jede Blüte öffnet sich nur einen Tag lang. Später bildet sich eine flaumige Kapselfrucht.

Die Blüten sind selbst- und insektenbestäubt.

**AUSSAAT:** Okrasamen sind groß und leicht zu handhaben. Säen Sie ab Mitte Mai mit 10–20 cm Abstand und 3 cm tief im Freien aus. Die Reihen sollten 10 cm Abstand haben. Sie können die Samen auch 6–8 Wochen früher im Haus in Töpfen aussäen. Rauen Sie die Samenschale auf oder weichen Sie die Samen über Nacht ein.

**KEIMDAUER:** 6 Tage

**PFLEGE:** Okra braucht warme, sonnige Bedingungen und muss in kühlen Lagen im Gewächshaus gezogen werden. Am besten ist ein sonniger Standort mit gepflegtem, durchlässigem Boden, pH-Wert 6,0–8,0, obwohl die Pflanzen auch magere Böden tolerieren. Gießen Sie alle 7–10 Tage gut und düngen Sie regelmäßig mit stickstoffbetontem Dünger. Die Pflanzen sollten 40–60 cm Abstand haben. Ernten Sie die Früchte für die Küche unreif. Länger als 10 cm sind sie oft faserig oder holzig.

**KRANKHEITEN UND SCHÄDLINGE:** Grauschimmel, Echter Mehltau; Rote Spinne, Blattläuse, Weiße Fliege

**ERTRAG:** Viele Früchte, 4–5 Monate nach der Aussaat

**SAMENGEWINNUNG:** Die Kapsel enthält viele Samen. Lassen Sie die Frucht am besten reifen und an der Pflanze trocknen, bis sie sich braun gefärbt hat. Verdrehen Sie die Frucht über einer Schüssel, damit die Samen herausfallen. Trocknen Sie das Saatgut gut und bewahren Sie es in einem luftdichten Behälter auf.

**ERFORDERLICH:** Bestäubungskäfige • Isolation: 1,6 km • Hautreizend – tragen Sie Handschuhe.

**SCHWIERIGKEIT:** Einfach

**HALTBARKEIT DES SAATGUTS:** 4 Jahre

# KÜCHENZWIEBEL
## *Allium cepa*

TROCKENE SAMEN

**PORTRÄT:** Die Küchenzwiebel, die aus Eurasien stammt, gehört wie Lauch und Schnittlauch zur Familie der Zwiebelgewächse (Alliaceae). Die zweijährigen Pflanzen werden häufig kultiviert. Die Zwiebelschale kann gelb, weiß, rot oder braun sein. Im ersten Jahr trägt die Pflanze schmale Blätter und die Zwiebel entwickelt sich. Im zweiten Jahr blüht die Pflanze und bildet Samen.

Die kugeligen Blütenstände werden von Insekten bestäubt. Die Pflanzen kreuzen sich mit anderen Zwiebelsorten.

**AUSSAAT:** Säen Sie die Samen im Haus im späten Winter in Multitöpfe aus: 6 Samen pro Topf mit feuchtem Anzuchtsubstrat. Härten Sie die Sämlinge in einem kalten Kasten ab und pflanzen Sie sie im Frühjahr mit 10–15 cm Abstand ins Freie. Sie können die Samen im April auch direkt im Freiland aussäen. Bei einer zweiten Aussaat Mitte August überwintern die Zwiebeln und können im folgenden Sommer geerntet werden. (Es gibt winterharte Sorten.)

**KEIMDAUER:** 14 Tage

**PFLEGE:** Kultivieren Sie an einem sonnigen Standort in durchlässigem, nährstoffreichem Boden, pH-Wert 6,0–7,0. Mischen Sie lehmigem Boden Sand bei. Jäten Sie Unkräuter und gießen Sie regelmäßig, wenn die Pflanzen angewachsen sind. Ernten Sie die Zwiebeln im Spätsommer und hängen Sie sie vor dem Einlagern zum Trocknen auf. Zur Samengewinnung müssen die Pflanzen überwintern. Sie können die Blütenstände der ausgewählten Pflanzen mit Tüten abdecken und 2 Wochen lang täglich von Hand bestäuben.

**KRANKHEITEN UND SCHÄDLINGE:** Falscher Mehltau, Zwiebelhalsfäule, Mehlkrankheit; Zwiebelfliege, Zwiebelblasenfuß, Stängelnematoden

**ERTRAG:** 1 Zwiebel pro Pflanze, 4–6 Monate nach der Aussaat

**SAMENGEWINNUNG:** Lassen Sie die Samen an den Pflanzen reifen und trocknen. Schneiden Sie dann den ganzen Samenstand ab und geben Sie ihn in einen Kissenbezug. Hängen Sie ihn im Haus 3 Wochen lang zum Trocknen auf. Worfeln und sieben Sie die Samen. Trocknen Sie das Saatgut sorgfältig und bewahren Sie es in einem luftdichten Behälter auf.

**ERFORDERLICH:** Bestäubungskäfige • Isolation: 1,6 km

**SCHWIERIGKEIT:** Arbeitsintensiv

**HALTBARKEIT DES SAATGUTS:** 2 Jahre

# ECHTER PASTINAK
## *Pastinaca sativa*

**TROCKENE SAMEN**

**PORTRÄT:** Dieses zweijährige Wurzelgemüse stammt aus Eurasien und gehört wie Karotten und Sellerie zur Familie der Doldenblütler (Apiaceae). Die Pflanze wird wegen ihren aromatischen, kegelförmigen weißen Wurzeln angebaut.

Die Blätter der bis zu 2 m hohen Pflanze sind gefiedert und duften aromatisch. An hohen Schäften bilden sich im zweiten Jahr flache Blütenstände mit kleinen gelben Blüten, aus denen sich pergamentartige Samen entwickeln.

Die Blüten werden von Insekten bestäubt. Die Pflanzen kreuzen sich mit nah verwandten Wildkräutern.

**AUSSAAT:** Säen Sie im Frühjahr direkt im Freien aus, in Gruppen von 3 Samen pro Loch, mit 15 cm Abstand.

**KEIMDAUER:** Bis 21 Tage

**PFLEGE:** Am besten ist lockerer, durchlässiger, sandiger Lehmboden, pH-Wert 6,5. Wählen Sie einen sonnigen Standort und reichern Sie den Boden einige Monate vor der Aussaat mit gut verrottetem Mist an. Die Wurzeln schmecken bei einer Ernte nach dem ersten Frost intensiver. Wählen Sie zur Samengewinnung etwa 10 der gesündesten Pflanzen aus, die Sie im Winter mit einer dicken Mulchschicht aus Stroh schützen. Im zweiten Jahr müssen die Blütenstände vielleicht gestützt werden. Entfernen Sie Pflanzen, die deutlich vor den anderen blühen, denn es könnte sich um eine abweichende Linie handeln.

**KRANKHEITEN UND SCHÄDLINGE:** Pastinakenkrebs, Falscher Mehltau, Echter Mehltau, Violetter Wurzeltöter; Möhrenfliege, Selleriefliege

**ERTRAG:** 1 Wurzel je Pflanze, 5 Monate nach der Aussaat

**SAMENGEWINNUNG:** Lassen Sie die Samen im Spätsommer an der Pflanze reifen. Schneiden Sie die Fruchtstände ab, wenn sie braun sind und stecken Sie sie umgekehrt in einen Kissenbezug. Lassen Sie die Samen im Haus einige Wochen lang trocknen. Worfeln Sie die Samen, die Sie in einem luftdichten Behälter aufbewahren.

**ERFORDERLICH:** Bestäubungskäfige • Isolation: 800 m • Hautreizend – tragen Sie Handschuhe.

**SCHWIERIGKEIT:** Mittel

**HALTBARKEIT DES SAATGUTS:** 1 Jahr

# ERBSEN
## *Pisum sativum*

**TROCKENE SAMEN**

**PORTRÄT:** Die einjährige Kletterpflanze, die in Asien und Afrika heimisch ist, gehört wie Bohnen und Klee zur Familie der Hülsenfrüchtler (Leguminosae). Sie wird wegen ihren süßlichen, essbaren Samen kultiviert.

Die Pflanzen werden 30–180 cm hoch, je nach Sorte. Man unterteilt in Schäl- oder Pal-, Mark- und Zuckererbsen. Bei Zuckererbsen wird die Hülse mitgegessen. Schälerbsen werden mehrmals geerntet: die erste Ernte (nach 12 Wochen), die zweite Ernte (nach 14 Wochen) und die Haupternte (nach 16 Wochen).

Erbsen sind Selbstbestäuber und kreuzen sich nicht oft. Für samenfestes Saatgut beachten Sie die unten gegebenen Hinweise.

**AUSSAAT:** Wenn Sie im März im Haus aussäen, sind die Erfolgschancen größer. Bringen Sie je 10-cm-Topf 3 Samen in Anzuchtsubstrat aus, etwa 4 cm tief. Pflanzen Sie die Sämlinge im Frühjahr mit 5 cm Abstand ins Freiland. Sie können später direkt ins Freie säen.

**KEIMDAUER:** 14 Tage

**PFLEGE:** Kultivieren Sie in nährstoffreichem, Feuchtigkeit speicherndem Boden, pH-Wert 5,8–7,0. Halten Sie den Standort unkrautfrei und stützen Sie die Pflanzen. Gießen Sie gut, wenn die Blüte einsetzt. Wählen Sie zur Samengewinnung 10 gesunde Pflanzen aus. Entfernen Sie alle schwachen Pflanzen und solche mit missgebildeten oder fleckigen Blättern.

**KRANKHEITEN UND SCHÄDLINGE:** Echter Mehltau; Blattläuse, Erbsenkäfer, Ackerbohnenkäfer, Schnecken, Mäuse, Vögel

**ERTRAG:** 1 kg pro 1 m Reihe, 3–4 Monate nach der Saat

**SAMENGEWINNUNG:** Es besteht das Risiko, dass die Erbsen schimmeln, während sie trocknen. Ernten Sie deshalb am besten vorher die ganze Pflanze und hängen Sie sie im Haus an einer Wäscheleine auf. Wenn die Hülsen völlig getrocknet sind, kann man sie zwischen Papierbögen oder Stoffbahnen dreschen. Bewahren Sie die Erbsen in einem luftdichten Behälter auf.

**ERFORDERLICH:** Blütenstände mit Tüten abdecken • Bestäubungskäfige • Isolation: 15 m

**SCHWIERIGKEIT:** Leicht

**HALTBARKEIT DES SAATGUTS:** 2 Jahre

# KÜRBIS
## *Cucurbita*-Arten

**FEUCHTE SAMEN**

**PORTRÄT:** Kürbisse sind einjährige Kletterpflanzen, die aus Nordamerika stammen. Sie gehören zur Familie der Gurkengewächse (Cucurbitaceae) und sind mit Zucchini verwandt. Die Pflanzen variieren in Größe und Wuchs. Fruchtfleisch und Samen werden zu Suppen, Brot und Gemüsekuchen verarbeitet.

Die Pflanzen tragen große raue Blätter und große gelbe Blüten, die sich ab Juni bis in den Spätsommer öffnen. Die männlichen Blüten öffnen sich vor den weiblichen, die man daran erkennt, dass sich an der Basis ein kugeliger Fruchtknoten befindet.

Kürbisblüten werden von Insekten bestäubt. Kürbisse kreuzen sich mit nahe verwandten Pflanzen. Im Gewächshaus kultivierte Pflanzen müssen von Hand bestäubt werden, damit sie Früchte bilden.

**AUSSAAT:** Säen Sie im Haus im April in 8-cm-Töpfe aus. Legen Sie einen Samen seitlich (nicht aufrecht) 2,5 cm tief ins Substrat. Ab Mitte Mai können Sie auch im Freien aussäen: je 2 Samen gleichzeitig, 2,5 cm tief.

**KEIMDAUER:** 7 Tage

**PFLEGE:** Kultivieren Sie in durchlässigem, gepflegtem Boden, pH-Wert 6,0–6,5. Mulchen Sie und düngen Sie mit einem ausgeglichenen Dünger. Gießen Sie während der Wachstumszeit gut. Düngen Sie wöchentlich mit Tomaten-Flüssigdünger, wenn die Pflanzen blühen. Zur Samengewinnung müssen die Kürbisse völlig ausreifen. Wenn Sie von Hand bestäuben, bepinseln Sie die Narbe einer weiblichen Blüte mit den Staubblättern einer männlichen.

**KRANKHEITEN UND SCHÄDLINGE:** Gurkenmosaikvirus, Echter Mehltau; Rote Spinne, Weiße Fliege, Schnecken

**ERTRAG:** 1–10 Kürbisse an einer Pflanze, je nach Sorte, 4–5 Monate nach der Aussaat

**SAMENGEWINNUNG:** Lassen Sie die Früchte reifen, bis Sie die Schale nicht mehr mit dem Fingernagel eindrücken können, und im Haus 3 Wochen nachreifen. Schaben Sie Fruchtfleisch und Samen heraus. Trennen Sie die Samen vom Fruchtfleisch, spülen Sie sie. Sie müssen mehrere Wochen lang auf einem Teller trocknen. Lagern Sie das Saatgut in einem luftdichten Behälter.

**ERFORDERLICH:** Handbestäubung • Isolation: 800 m

**SCHWIERIGKEIT:** Mittel

**HALTBARKEIT DES SAATGUTS:** 4–9 Jahre

# FEUER-BOHNE
## *Phaseolus coccineus*

TROCKENE SAMEN

**PORTRÄT:** Wie Erbsen und Erdnüsse gehört die Feuer-Bohne zur Familie der Hülsenfrüchtler (Leguminosae) und stammt aus Amerika. Die Pflanze klettert hoch hinauf, aber es sind auch niedrigere Buschsorten erhältlich. Die Blüten erscheinen ab Juni. Die Samen sind auffällig gefleckt, besonders wenn sie frisch sind.

Die roten, weißen oder zweifarbigen Blüten sind insektenbestäubt. Sie kreuzen sich mit anderen Sorten der Feuer-Bohne.

**AUSSAAT:** Säen Sie die Samen für eine frühe Ernte im April im Haus aus, je 2 Samen pro Topf, 5 cm tief. Wenn keine Fröste mehr zu erwarten sind, können Sie die Sämlinge abhärten und danach ins Freie verpflanzen. Wenn Sie direkt ins Freie aussäen wollen, muss die Bodentemperatur mindestens 12 °C betragen. Für eine späte Ernte können Sie bis zur Mitte des Sommers alle 2 Wochen neu aussäen. Bringen Sie zur Sicherheit je 2 Samen gleichzeitig in 15 cm Abstand aus, für den Fall, dass einer nicht keimt.

**KEIMDAUER:** 14 Tage

**PFLEGE:** Der Ertrag ist an einem geschützten Standort in nährstoffreichem, tiefgründigem, durchlässigem Boden mit pH-Wert 6,5–7,0 am höchsten. Feuer-Bohnen können 3 m hoch ranken. Ein Stangenzelt eignet sich gut, mit einer Stange pro Pflanze im Abstand von 15 cm. Kneifen Sie die Triebspitzen aus, wenn die Pflanze das obere Ende des Gerüsts erreicht hat. Gießen Sie bei Trockenheit regelmäßig, sobald die Blütenknospen erscheinen.

**KRANKHEITEN UND SCHÄDLINGE:** Blattbräune, Stamm- und Wurzelfäulen, Fettfleckenkrankheit; Rote Spinne, Blattläuse, Wurzelfliege, Schnecken, Mäuse, Vögel

**ERTRAG:** 2 kg pro 1 m Reihe, 2–3 Monate nach der Aussaat

**SAMENGEWINNUNG:** Lassen Sie die Hülsen im Herbst an der Pflanze trocknen, bis sie runzelig werden. Kleine Samenmengen können Sie mit der Hand herauspulen. Dreschen Sie größere Mengen in einem Kissenbezug, den Sie in einen Eimer stecken und kräftig schütteln. Sortieren Sie schrumpelige und von Insekten angefressene Bohnen aus und lagern Sie die Samen in einem luftdichten Behälter.

**ERFORDERLICH:** Abdecken der Blütenstände mit Tüten • Bestäubungskäfige • Isolation: 800 m

**SCHWIERIGKEIT:** Mittel

**HALTBARKEIT DES SAATGUTS:** 3 Jahre

# STECKRÜBE
## *Brassica napus* var. *napobrassica*

**PORTRÄT:** Dieses zweijährige Wintergemüse ist in Europa heimisch und gehört wie Kopf- und Blumenkohl zur Familie der Kreuzblütler (Bassicaceae). Die Steckrübe wird wegen ihrer süßlichen Knolle kultiviert. Das Fleisch ist gelb oder orangefarben, die ledrige Schale violettrot. Die Rüben können zu Püree und in Suppen verarbeitet, die Blätter gedünstet werden.

Steckrüben wachsen langsam. Sie können im Boden überwintern. Wenn Sie sie im ersten Jahr nicht ernten, blüht die Pflanze im zweiten Jahr. Die zahlreichen kleinen, senfgelben Blüten entwickeln sich zu Schoten.

Die Blüten sind insektenbestäubt. Die Pflanzen kreuzen sich mit Verwandten aus der gleichen Gattung.

**TROCKENE SAMEN**

**AUSSAAT:** Säen Sie die Samen im April oder Mai dünn in 1–2 cm Tiefe aus. Die Reihen sollten 40 cm Abstand haben. Dünnen Sie mehrmals aus, bis die Pflanzen 20–25 cm Abstand haben.

**KEIMDAUER:** 5–7 Tage

**PFLEGE:** Kultivieren Sie in voller Sonne oder im Halbschatten in gepflegtem, durchlässigem Boden, pH-Wert 6,5–7,5. Bereiten Sie den Boden einige Monate vor dem Verpflanzen ins Freie mit gut verrottetem Mist vor. Steckrüben sind leicht zu kultivieren und recht anspruchslos. Jäten Sie Unkräuter und gießen Sie bei Trockenheit. Düngen Sie mit ausgeglichenem Dünger, wenn die Rüben dicker werden. Überwintern Sie einige gesunde Pflanzen zur Samengewinnung.

**KRANKHEITEN UND SCHÄDLINGE:** Kohlhernie, Falscher und Echter Mehltau; Blattläuse, Weiße Fliege, Erdflöhe, Schmetterlingsraupen, Schnecken, Vögel

**ERTRAG:** 1 Rübe pro Pflanze, 20–26 Wochen nach der Aussaat

**SAMENGEWINNUNG:** Lassen Sie die Schoten an der Pflanze reifen, bis sie braun sind. Schneiden Sie dann die ganze Pflanze ab, die Sie dann im Haus auf einer Plane weitertrocknen. Wenn Sie sie zwischen zwei Planen legen und darauf herumtreten, werden die Samen frei. Zur Aufbewahrung dient ein luftdichter Behälter.

**ERFORDERLICH:** Bestäubungskäfige • Isolation: 1,6 km • Trocknen mit Reis (siehe S. 41)

**SCHWIERIGKEIT:** Mittel

**HALTBARKEIT DES SAATGUTS:** 2 Jahre

# MAIS

*Zea mays*

**TROCKENE SAMEN**

**PORTRÄT:** Mais stammt aus Amerika und gehört zur Familie der Süßgräser (Poaceae). Er ist mit Weizen und anderen Getreide-Arten verwandt und ähnelt mit seinem hohen Wuchs, den langen, riemenförmigen Blättern und den typischen Blüten und Kolben keiner anderen Gemüsepflanze. Männliche und weibliche Blüten stehen getrennt an derselben Pflanze. Die männlichen Blüten-stände erscheinen an der Sprossspitze. Der Wind transportiert ihren Pollen zu den weiblichen Griffeln, die als lange Fäden aus den Maiskolben in den Blattachseln hängen.

Die Pflanzen kreuzen sich mit anderen Maisformen.

**AUSSAAT:** Säen Sie in kühlen Lagen im April im Haus in Multitöpfe aus, je ein Same pro Topf, 3–4 cm tief. Wenn keine Fröste mehr zu erwarten sind, können Sie die Pflänzchen mit 45 cm Abstand ins Freie pflanzen. Alternativ können Sie ab Mai direkt im Freiland mit demselben Abstand aussäen. Brin-gen Sie immer zwei Maiskörner gleichzeitig aus, für den Fall, dass ein Korn nicht keimt. Entfernen Sie den schwächeren Sämling, wenn die Pflänzchen etwa 2 cm hoch sind.

**KEIMDAUER:** 10 Tage

**PFLEGE:** Wählen Sie einen geschützten, sonnigen Standort in feuchtem, aber durchlässigem Boden, pH-Wert 5,8–6,5. Schützen Sie die Sämlinge in kühleren Lagen mit Vlies. Gießen und jäten Sie regelmäßig. Zur Stabilität können Sie Erde um den Stängel anhäufeln.

**KRANKHEITEN UND SCHÄDLINGE:** Maisbeulenbrand; Mäuse, Dachse, Vögel

**ERTRAG:** 1–2 Kolben pro Pflanze, 4–5 Monate nach der Saat

**SAMENGEWINNUNG:** Lassen Sie die Maiskolben rund 4–6 Wochen länger an der Pflanze als Kolben für die Küche. Ziehen Sie die Hüllblätter zurück und lassen Sie die Kolben an einem kühlen, trockenen Ort weitertrocknen. Umfassen Sie den trockenen Kolben mit beiden Händen und drehen Sie ihn, um die Körner zu lockern, sodass sie in ein Gefäß fallen. Worfeln Sie und bewahren Sie die Samen in einem luftdichten Behälter auf.

**ERFORDERLICH:** Bestäubungskäfige • Isolation: 1,6 km

**SCHWIERIGKEIT:** Leicht

**HALTBARKEIT DES SAATGUTS:** 3 Jahre

# SPEISERÜBE
## *Brassica rapa* subsp. *rapa*

**TROCKENE SAMEN**

**PORTRÄT:** Dieses zweijährige, in Eurasien heimische Gemüse gehört wie Kohl und Radieschen zur Familie der Kreuzblütler (Brassicaceae). Die zarte Rübe schmeckt roh und gekocht, auch die Blätter sind essbar. Im ersten Jahr steckt die Pflanze die gesamte Energie in die Entwicklung der Wurzelknolle. Im zweiten Jahr dient die gespeicherte Energie zur Blüten- und Samenbildung.
  Die Blüten sind insektenbestäubt. Die Pflanze kreuzt sich mit anderen *Brassica*-Arten.

**AUSSAAT:** Säen Sie die Samen von Mai bis Juli im Freien 1–2 cm tief in Reihen mit 25–30 cm Abstand aus. Dünnen Sie in diesem Stadium aus, bis die Pflanzen 20–25 cm Abstand haben, wenn Sie die Rüben ernten wollen. Lassen Sie nur 15 cm Abstand, wenn Sie die Blätter verwenden wollen.

**KEIMDAUER:** 5–7 Tage

**PFLEGE:** Kultivieren Sie in voller Sonne oder im Halbschatten in gepflegtem, durchlässigem Boden, pH-Wert 6,5–7,5. Bereiten Sie den Boden vor dem Auspflanzen ins Freie mit gut verrottetem Mist vor. Speiserüben sind leicht zu kultivieren und pflegeleicht. Jäten Sie Unkraut und gießen Sie bei Trockenheit, damit die Rüben nicht holzig werden oder aufplatzen. Überwinternde Pflanzen zur Samengewinnung sollten Sie mit Vlies oder einer dicken Mulchschicht aus Stroh schützen. Behalten Sie bis zu 6 kräftige Pflanzen zur Samengewinnung zurück.

**KRANKHEITEN UND SCHÄDLINGE:** Kohlhernie, Echter und Falscher Mehltau; Blattläuse, Erdflöhe, Weiße Fliege, Schmetterlingsraupen, Schnecken, Vögel

**ERTRAG:** 1 Rübe pro Pflanze, 6–12 Wochen nach der Aussaat

**SAMENGEWINNUNG:** Lassen Sie die Schoten an der Pflanze reifen, bis sie braun sind. Schneiden Sie dann die ganze Pflanze ab, die Sie auf einer Plane im Haus weitertrocknen. Sie können die Schoten zwischen zwei Planen oder Tücher dreschen. Worfeln Sie, lassen Sie das Saatgut trocknen und bewahren Sie es in einem luftdichten Behälter auf.

**ERFORDERLICH:** Bestäubungskäfige • Isolation: 1,6 km • Trocknen mit Reis (siehe S. 41)

**SCHWIERIGKEIT:** Mittel

**HALTBARKEIT DES SAATGUTS:** 5 Jahre

# *Kräuter*

Kräuter sind hochangesehene Pflanzen. Bereits in prähistorischer Zeit kannte man Heilkräuter und würzte Speisen mit Kräutern. Die unterschiedlichsten Kräuter kommen weltweit vor, manche gedeihen bei extremen Bedingungen, etwa im Hochgebirge.

Es hat viele Vorteile, eigene Kräuter zu kultivieren. Nichts geht zum Beispiel über frische Lavendelblüten in einem warmen Bad oder über einen Salat mit Basilikum, den Sie ein paar Minuten vorher gepflückt haben. Es sind die Pflanzeninhaltsstoffe, die Kräuter so wertvoll machen: Einige Arten enthalten medizinisch wirksame Stoffe, andere wirken beruhigend. Manche sind in der Küche einfach unverzichtbar, viele lohnen eine Kultur allein ihrer Schönheit wegen. Römische Kamille zum Beispiel ist mit ihren Korbblüten sehr hübsch anzusehen, während der Tee beruhigt und den Schlaf fördert.

# BASILIKUM
*Ocimum basilicum*

TROCKENE SAMEN

**PORTRÄT:** Basilikum ist eine mehrjährige, krautige Pflanze, die aus dem tropischen Asien stammt. Sie wird wegen ihrer aromatischen Blätter kultiviert, die in vielen Gerichten roh oder gekocht zum Einsatz kommen. Basilikum gehört zur Familie der Lippenblütler (Lamiaceae) und ist somit nah mit vielen anderen beliebten Kräutern, wie Pfefferminze und Thymian, verwandt. Neben seinem kulinarischen Wert soll es entzündungshemmend und kreislaufstabilisierend wirken, außerdem enthält es Antioxidantien.

Es gibt viele Sorten mit bemerkenswert unterschiedlichem Geschmack. Die Pflanze kann bei idealen Bedingungen 90 cm hoch und höher werden. In kühleren Klimaten wird sie meist als Einjährige kultiviert. Außer den grünen Blättern sind auch die Samen und die Blütenstände essbar.

Die Blüten sind insektenbestäubt. Pflanzen Sie deshalb nur eine Sorte, um Fremdbestäubung zu vermeiden.

**AUSSAAT:** Säen Sie von März bis Juni je 10 Samen in feuchtes Anzuchtsubstrat in einem 8-cm-Topf aus. Bedecken Sie die Saat mit einer dünnen Substratschicht und den Topf mit Frischhaltefolie. Stellen Sie ihn auf eine warme, sonnige Fensterbank und entfernen Sie die Folie, wenn die Keimlinge erscheinen. Setzen Sie die Jungpflanzen ins Freie, wenn keine Fröste mehr zu erwarten sind.

**KEIMDAUER:** 5 Tage

**PFLEGE:** Wählen Sie im Garten eine warme, geschützte Stelle in voller Sonne und mit durchlässigem Boden, pH-Wert 5,5–6,5. Sie fördern buschigen Wuchs, wenn Sie die Blätter häufig ernten und den Stängel direkt über einem Blattpaar auskneifen.

**KRANKHEITEN UND SCHÄDLINGE:** Fusarium-Welke; Blattläuse, Schnecken

**SAMENGEWINNUNG:** In jeder der Klausenfrüchte bilden sich normalerweise 4 Samen. Wenn sie sich schwarz färben, können Sie die Fruchtstände abschneiden und im Haus in einem Kissenbezug weitertrocknen. Zerbröseln Sie die Klausenfrüchte. Worfeln und sieben Sie und bewahren Sie das Saatgut in einem luftdichten Behälter auf.

**ERFORDERLICH:** Abdecken der Blüten mit Tüten • Bestäubungskäfige • Isolation: 450 m

**SCHWIERIGKEIT:** Einfach

**HALTBARKEIT DES SAATGUTS:** 5 Jahre

# BORRETSCH
## *Borago officinalis*

TROCKENE SAMEN

**PORTRÄT:** Borretsch ist eine einjährige, krautige Pflanze aus der Mittelmeerregion und gehört wie Vergissmeinnicht zur Familie der Raublattgewächse (Boraginaceae). Die blauen, sternförmigen Blüten sind dekorative Beigaben zu Salaten, Kuchen und Getränken, die Blätter riechen nach Gurke. Sie werden roh und gekocht verzehrt. Blattauszüge sollen Erkältungen, Verdauungs- und Hautprobleme lindern. Schwangere und Menschen mit Leber- oder Nierenbeschwerden sollten auf den Verzehr von Borretsch verzichten.

Borretsch wächst zu einer recht großen, ausladenden, bis zu 80 cm hohen Pflanze heran. Er trägt im Juni und Juli viele sternförmige blaue Blüten. Die Blätter sind rau behaart.

Die Blüten können sich selbst bestäuben, werden aber auch von Insekten bestäubt. Wenn Sie Borretsch mit Erdbeeren zusammenpflanzen, steigern Sie den Erdbeerertrag und die Widerstandsfähigkeit gegenüber Krankheiten und Insektenbefall. Bienen werden von Borretsch-Blüten angelockt und bestäuben dabei auch die Pflanzen in der Nachbarschaft.

**AUSSAAT:** Säen Sie im April oder Mai im Freiland 2 cm tief aus. Die Reihen sollten 30 cm Abstand haben.

**KEIMDAUER:** 7–14 Tage

**PFLEGE:** Borretsch gedeiht in den meisten Böden, sauren wie alkalischen (pH-Wert 4,3–8,5), wenn sie durchlässig genug sind. Er toleriert volle Sonne und Halbschatten und sogar trockenen, ungepflegten Boden. Manche Pflanzen müssen gestützt werden.

**KRANKHEITEN UND SCHÄDLINGE:** Echter Mehltau; Blattläuse

**SAMENGEWINNUNG:** Nachdem die Blüten verblüht sind, schließen sie sich und krümmen sich nach unten. Die Kelchblätter bleiben grün. Gewöhnlich bildet jede Blüte 4 Samen. Sie reifen von Grün nach Schwarz und sind leicht zu ernten. Trocknen Sie die Samen im Haus weiter. Zur Aufbewahrung dient ein luftdichter Behälter.

**ERFORDERLICH:** Bestäubungskäfige • Isolation: 800 m

**SCHWIERIGKEIT:** Einfach

**HALTBARKEIT DES SAATGUTS:** 5–10+ Jahre

# KORIANDER
## *Coriandrum sativum*

TROCKENE SAMEN

**PORTRÄT:** Dieses aromatische einjährige Kraut ist in Eurasien heimisch und gehört wie Karotten und Fenchel zur Familie der Doldenblütler (Apiaceae). Die Blätter aromatisieren Salate, Currys und Suppen, die Samen sind gemahlen oder im Ganzen ein verbreitetes Gewürz. Koriander lindert Blähungen und regt den Appetit an, ein Breiumschlag soll Rheuma und Gelenkschmerzen lindern.

Die Pflanze stellt eine nützliche Ergänzung im Nutzgarten dar. Sie kann bis zu 50 cm hoch werden und bringt im Spätsommer schmackhafte, gefiederte Blätter und flache, doldige Blütenstände mit vielen kleinen weißen oder rosaweißen Blüten hervor. Die Blüten werden von Insekten bestäubt. Koriander kreuzt sich mit verwandten Pflanzen. Die Nachkommen sind oft weniger wuchskräftig und können unangenehm schmecken.

**AUSSAAT:** Sie können die Samen im April oder Mai in flachen Rillen mit 5 cm Abstand im Freien aussäen. Wenn Sie bereits im März im Haus aussäen, geben Sie je einen Samen in eine Zelle von Multitöpfen und pflanzen Sie die Sämlinge in 8-cm-Töpfe, wenn die ersten Laubblätter erscheinen. Härten Sie die Pflanzen ab, um sie im späten Frühjahr ins Freie zu setzen. Halten Sie die Pflanzen feucht, damit sie nicht zu früh Samen bilden.

**KEIMDAUER:** 7–10 Tage

**PFLEGE:** Kultivieren sie in leichtem und gepflegtem, durchlässigem Boden, pH-Wert 6,5–7,5. Pflanzen in voller Sonne bilden am besten Samen. Im Halbschatten werden mehr Blätter gebildet. Gießen Sie nur so viel wie nötig. Die Blätter können Sie jederzeit pflücken.

**KRANKHEITEN UND SCHÄDLINGE:** Rost; Blattläuse

**SAMENGEWINNUNG:** Ernten Sie, sobald die Samen braun und trocken sind. Sie duften dann aromatisch und fallen leicht ab. Stecken Sie etwa 6 Fruchtstände kopfüber in eine Papiertüte, die Sie an einem warmen, trockenen, luftigen Platz aufhängen. Sie können die Fruchtstände auch über einer Schüssel zwischen den Händen reiben und die Samen auf Zeitungspapier weitertrocknen. Worfeln Sie und bewahren Sie die Samen in einem luftdichten Behälter auf.

**ERFORDERLICH:** Abdecken der Blütenstände mit Tüten • Bestäubungskäfige • Isolation: 800 m

**SCHWIERIGKEIT:** Einfach

**HALTBARKEIT DES SAATGUTS:** 2–4 Jahre

# RÖMISCHE KAMILLE
## *Chamaemelum nobile*

**TROCKENE SAMEN**

**PORTRÄT:** Diese aromatisch duftende Wiesenblume, die in Eurasien heimisch ist, gehört wie Sonnen- und Ringelblumen zur Familie der Korbblütler (Asteraceae). Tee aus den gefiederten Blättern gilt als beruhigend und schlaffördernd, soll aber nicht während einer Schwangerschaft getrunken werden.

Die winterharte Staude bildet dichte Bestände aus essbaren, gefiederten Blättern. Die Korbblüten sind ebenfalls essbar und öffnen sich den ganzen Sommer über.

Die Blüten sind insektenbestäubt, verschiedene Sorten kreuzen sich miteinander.

**AUSSAAT:** Säen Sie Römische Kamille am besten im April direkt ins Freie aus. Säen Sie breitwürfig auf einem vorbereiteten, unkrautfreien Beet aus, bedecken Sie die Samen mit etwas Erde und gießen Sie gut. Sie können auch früher im Haus in Saatschalen aussäen und die Pflanzen nach dem Abhärten in den Garten setzen. Wenn sie eingewachsen ist, bildet die Pflanze viele Samen.

**KEIMDAUER:** 7–14 Tage

**PFLEGE:** Kultivieren Sie in voller Sonne in leichtem, gut durchlässigem Boden, pH-Wert 7,0–7,5. Eingewachsene Römische Kamille ist winterhart und braucht wenig Pflege. Gießen Sie bei Trockenheit und düngen Sie gelegentlich mit ausgeglichenem Dünger.

**KRANKHEITEN UND SCHÄDLINGE:** Blattläuse, Schnecken

**SAMENGEWINNUNG:** Ernten können Sie die Samen, wenn die Blütenköpfe braun und trocken sind. Schneiden Sie die Samenstände ab und bewahren Sie sie einige Wochen lang in einer Papiertüte im Haus auf. Wenn die Blütenköpfe völlig trocken sind, kann man sie vorsichtig zerdrücken und worfeln, um die Samen von den Spreublättern zu trennen. Aufbewahrung in einem luftdichten Behälter.

**ERFORDERLICH:** Bestäubungskäfige • Isolation: 800 m

**SCHWIERIGKEIT:** Einfach

**HALTBARKEIT DES SAATGUTS:** Bis zu 15 Jahre

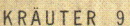

# SCHNITTLAUCH
*Allium schoenoprasum*

**TROCKENE SAMEN**

**PORTRÄT:** Schnittlauch ist in Eurasien heimisch. Die winterharte, mehrjährige Pflanze gehört wie Lauch und Küchenzwiebel zur Familie der Zwiebelgewächse (Alliaceae). Frischer Schnittlauch ist eine beliebte Zutat für Salate und Soßen. Im Nutzgarten sehen seine Bütenstände sehr hübsch aus. Schnittlauch wirkt leicht antiseptisch und lindert Erkältungen und Verdauungsprobleme.

Die Pflanze wächst wie Küchenzwiebeln und Schalotten aus unterirdischen Zwiebeln. Sie wird bis zu 25 cm hoch und bildet vom Juli bis in den August Büschel aus langen schmalen, essbaren Blättern und ebenfalls essbare, kugelige Blütenstände.

Die Blüten sind insektenbestäubt. Schnittlauch kreuzt sich mit nahen Verwandten (nicht mit Knoblauch). Bei Bienen sind die Blüten sehr beliebt. Schnittlauch wird manchmal als Begleitpflanze gesetzt, denn er soll Schädlinge fernhalten.

**AUSSAAT:** Säen Sie von April bis Mai im Freien in 1 cm tiefen Rillen mit 12 cm Abstand aus. Im Haus können Sie einen Monat früher in 8-cm-Töpfen in feuchtem Anzuchtsubstrat aussäen. Bringen Sie 3 Samen pro Topf 1 cm tief aus und pflanzen Sie die Jungpflanzen 4 Wochen nach der Aussaat mit 10 cm Abstand in den Garten.

**KEIMDAUER:** 7–21 Tage

**PFLEGE:** Kultivieren Sie in voller Sonne oder im Halbschatten in durchlässigem, gepflegtem Boden, pH-Wert 6,0–7,0. Es reicht aus, wenn Sie gelegentlich düngen und regelmäßig Unkraut jäten. Die Pflanzen wachsen kräftiger, wenn sie regelmäßig geschnitten werden. Sie sind recht robust und ertragen raue Bedingungen.

**KRANKHEITEN UND SCHÄDLINGE:** Falscher Mehltau; Zwiebelfliege

**SAMENGEWINNUNG:** Lassen Sie die Blütenstände an der Pflanze ausreifen, bis sie verwelkt und pergamentartig sind. Sie öffnen sich und entlassen die glänzenden Samen. Stecken Sie sie in eine Papiertüte und hängen Sie diese mehrere Wochen lang im Haus auf. Worfeln Sie dann und bewahren Sie die Samen in einem luftdichten Behälter auf.

**ERFORDERLICH:** Bestäubungskäfige • Isolation: 1,6 km

**SCHWIERIGKEIT:** Einfach

**HALTBARKEIT DES SAATGUTS:** 1–2 Jahre

# FENCHEL
## *Foeniculum vulgare*

TROCKENE SAMEN

**PORTRÄT:** Diese winterharte Zweijährige oder Staude stammt aus der Mittelmeerregion. Fenchel gehört wie Koriander und Karotten zur Familie der Doldenblütler (Apiaceae). Alle Teile der Pflanze sind essbar. Die aromatischen Samen und auch die Blätter eignen sich zum Würzen. Sogar der Pollen wird als Gewürz für Fleisch, Fisch und Gemüse verwendet. Fenchel soll die Verdauung fördern, Erkältungen lindern und den Appetit anregen.

Fenchel mit seinen gefiederten Blättern wird bis zu 1,2 m hoch. Am großen flachen Blütenstand öffnen sich viele kleine gelbe Blüten. Im Nutzgarten wirkt Fenchel sehr attraktiv. Es gibt auch Formen mit bronzefarbenem Laub.

Die Blüten sind insektenbestäubt. Fenchel kreuzt sich mit anderen Sorten, auch mit Dill und Koriander. Die Nachkommen sehen anders aus als die Elternpflanzen, ihre Samen schmecken fade.

**AUSSAAT:** Säen Sie im Haus ab März, im Freiland von Mai bis Mitte Juli aus. Ebnen Sie den Boden mit einem Rechen und verteilen Sie die Samen mit etwa 10 cm Abstand. Dünnen Sie die Sämlinge später auf etwa 50 cm Abstand aus. Die Pflanzen bilden nach einigen Jahren Samen.

**KEIMDAUER:** 14–21 Tage

**PFLEGE:** Pflanzen Sie in voller Sonne oder im Halbschatten in lockeren, durchlässigen Boden, pH-Wert 7,0–8,0. Fenchel ist eine vielseitige Pflanze und kommt mit vielen Standorten zurecht. Er gedeiht auch bei Vernachlässigung, am besten aber, wenn regelmäßig gedüngt und gewässert wird.

**KRANKHEITEN UND SCHÄDLINGE:** Blattläuse, Schnecken

**SAMENGEWINNUNG:** Lassen Sie die Samen an der Pflanze braun und trocken werden. Zwicken Sie die Dolden ab und legen Sie sie mit dem Stiel nach oben auf Zeitungspapier. Lassen Sie die Samenstände an einem warmen Ort trocknen. Zupfen Sie die Samen in eine Schüssel ab. Aufbewahrung in einem luftdichten Behälter.

**ERFORDERLICH:** Abdecken der Blüten mit Tüten • Isolation: 800 m

**SCHWIERIGKEIT:** Einfach

**HALTBARKEIT DES SAATGUTS:** 6–10 Jahre

# BOLIVIANISCHER KORIANDER
*Porophyllum ruderale*

TROCKENE SAMEN

**PORTRÄT:** Diese schnellwüchsige, winterharte Pflanze aus Südamerika wird 60 cm hoch. Ihre Blüten locken Schmetterlinge an. Die einjährige, krautige Pflanze gehört wie Löwenzahn und Grüner Salat zur Familie der Korbblütler (Asteraceae). Die würzig scharfen Blätter schmecken intensiver als Korianderblätter (*Coriandrum sativum*). Roh werden sie Salaten und Salsas beigegeben. Auch zum Würzen von Suppen und Eintöpfen ist das Kraut geeignet.

Die verzweigte Pflanze hat blaugrüne, ovale Blätter und bildet violettbraune Blütenköpfchen. Die Fruchtstände ähneln den »Pusteblumen« von Löwenzahn. Den intensiven Geruch verströmen Öldrüsen in den Blättern. Er ist bei älteren Pflanzen stärker.

**AUSSAAT:** Säen Sie die Samen im Frühjahr im Haus aus, 4–6 Wochen, bevor die letzten Fröste zu erwarten sind. Verwenden Sie Saatschalen oder Multitöpfe und verteilen Sie die Samen locker auf feuchtem Anzuchtsubstrat. Bedecken Sie die Saat dünn mit Substrat und stellen Sie das Gefäß auf eine warme, sonnige Fensterbank. Sie können die Jungpflanzen im Abstand von 60 bis 90 cm ins Freie setzen, wenn die Frostgefahr vorüber ist. Alternativ dazu können Sie nach dem letzten Frost direkt im Garten aussäen. Lassen Sie 30–45 cm Abstand und dünnen Sie später auf 60–90 cm aus.

**KEIMDAUER:** 7–14 Tage

**PFLEGE:** Kultivieren Sie in voller Sonne oder im Halbschatten in durchlässigem, aber wasserspeicherndem Boden, pH-Wert 5,6–8,5. Gießen Sie regelmäßig. Die Pflanzen sind nach 8–10 Wochen ausgewachsen, Blätter können Sie aber vorher ernten.

**KRANKHEITEN UND SCHÄDLINGE:** Keine

**SAMENGEWINNUNG:** Lassen Sie die Fruchtstände an der Pflanze trocknen, aber behalten Sie sie im Auge, denn die Früchte werden schnell vom Wind verweht. Geben Sie die Samenstände rechtzeitig in eine Papiertüte, die Sie bis zu 3 Wochen lang im Haus aufhängen. Bewahren Sie das Saatgut in einem luftdichten Behälter auf. Versuchen Sie, den Stiel des Schirmchens nicht abzubrechen, denn dies vermindert die Keimchancen.

**ERFORDERLICH:** Abdecken der Blüten mit Tüten • Bestäubungskäfige • Isolation: 800 m

**SCHWIERIGKEIT:** Mittel

**HALTBARKEIT DES SAATGUTS:** 1–2 Jahre

# Pflanzen für Salate

Kultivieren Sie Ihren eigenen Salat, denn dann
ist endlich Schluss mit welken Salatköpfen, schlaffen
vergilbenden Blättern oder faden Gurken aus dem
Supermarkt! Wenn Sie sich selbst mit frischen Zutaten aus
dem Garten versorgen können, steht vielleicht bald jeden
Tag ein köstlicher und gesunder Salat auf dem Tisch.
Sie ernten ganz nach Bedarf.

Die Kultur vieler Salatpflanzen gelingt leicht im Garten, im
Gewächshaus oder auf einer Fensterbank. Dadurch erhalten
Sie nahezu ganzjährig frische Produkte.

Im folgenden Teil sind einige der beliebtesten Pflanzen
für Salate vorgestellt. Manch andere werden Sie
vielleicht erstaunen.

*≫ Salat aus dem eigenen Garten braucht kein
aufwendiges Dressing, denn er hat einen
wunderbaren Eigengeschmack. ≪*

JOSIE JEFFERY

# GURKE
## *Cucumis sativus*

FEUCHTE SAMEN

**PORTRÄT:** Die einjährige Kletterpflanze ist in Indien heimisch und gehört wie Zucchini und Kürbisse zur Familie der Gurkengewächse (Cucurbitaceae). Die Triebe kriechen über den Boden, aber Sie können Gurken auch ein Gerüst emporklettern lassen. Das hat den Vorteil, dass die Früchte später den Boden nicht berühren.

Es gibt Gurkensorten, die Sie im Freiland kultivieren können und solche, die den Schutz eines Gewächshauses brauchen.

An den Pflanzen erscheinen männliche und weibliche Blüten, die von Hand bestäubt werden müssen (siehe S. 27), damit sie samenfestes Saatgut bilden. Die Blüten sind insektenbestäubt. Die Pflanzen kreuzen sich mit anderen Gurkensorten.

**AUSSAAT:** Bringen Sie ab März je 2 Samen seitlich liegend 2,5 cm tief in 8-cm-Töpfen mit Anzuchtsubstrat aus. Stellen Sie die Töpfe auf eine warme, sonnige Fensterbank und halten Sie das Substrat feucht. Säen Sie Freilandsorten erst im April.

**KEIMDAUER:** 7–10 Tage

**PFLEGE:** Kultivieren Sie in durchlässigem, gepflegtem Boden, pH-Wert 6,0–7,0. Härten Sie die Sämlinge von Freilandsorten eine Woche lang ab und pflanzen Sie sie Mitte Mai mit 60 cm Abstand nach draußen. Gießen Sie gut und düngen Sie alle 2 Wochen mit Tomaten-Flüssigdünger, sobald sich die Früchte entwickeln.

Gewächshaussorten können Sie mit 60 cm Abstand direkt in angereichertem Boden oder in Erdsäcken kultivieren (2 Pflanzen pro Sack). Stützen Sie die Pflanzen. Pflanzen Sie die Setzlinge zunächst in ein geheiztes, ab Mai in ein ungeheiztes Gewächshaus.

**KRANKHEITEN UND SCHÄDLINGE:** Gurkenmosaikvirus, Fußkrankheiten, Echter Mehltau; Rote Spinne, Weiße Fliege, Schnecken

**ERTRAG:** 10–15 Früchte pro Pflanze, 4 Monate nach der Aussaat

**SAMENGEWINNUNG:** Lassen Sie die Gurken an der Pflanze reifen, bis sie sich gelb färben. Lagern Sie die Früchte im Haus an einem warmen, trockenen Ort weitere 20 Tage. Schaben Sie die Samen heraus und waschen Sie sie gründlich. Nach sorgfältigem Trocknen dient zur Aufbewahrung ein luftdichter Behälter.

**ERFORDERLICH:** Handbestäubung • Isolation: 800 m

**SCHWIERIGKEIT:** Mittel

**HALTBARKEIT DES SAATGUTS:** 10 Jahre

# STANGEN-SELLERIE
## *Apium graveolens* var. *dulce*

TROCKENE SAMEN

**PORTRÄT:** Diese zweijährige Pflanze aus der Mittelmeerregion gehört wie Fenchel und Knollen-Sellerie zur Familie der Doldenblütler (Apiaceae). Die knackigen Stiele werden gedünstet wie roh verzehrt, die Samen dienen ganz oder gemahlen als Gewürz.

Im ersten Jahr bildet die Pflanze mehrere Stiele mit geteilten Blättern. Im zweiten Jahr wird sie 1,5 m hoch und bildet weiße, flache Blütenstände, an denen sich viele kleine Früchte entwickeln.

Die Blüten sind insektenbestäubt, die Pflanzen kreuzen sich mit anderen Sorten von Stangen- oder Knollen-Sellerie.

**AUSSAAT:** Säen Sie im Haus von März bis April aus: Weichen Sie die Samen 24 Stunden lang ein. Säen Sie dünn in einer Saatschale auf Anzuchtsubstrat aus. Bedecken Sie die Aussaat mit Vermiculit und stellen Sie die Schale auf eine sonnige Fensterbank. Stellen Sie sie in eine flache Schale und gießen Sie täglich von unten. Wenn die Pflänzchen etwa 5 cm hoch sind, werden sie in 8-cm-Töpfe umgepflanzt. Sie müssen abhärten und werden etwa 5 Wochen später ins Freie verpflanzt.

**KEIMDAUER:** 14–21 Tage

**PFLEGE:** Kultivieren Sie an einer sonnigen Stelle in durchlässigem Boden, der die Feuchtigkeit speichert, pH-Wert 6,0–6,5. Jäten Sie und gießen Sie gut. Geben Sie stickstoffbetonten Dünger, wenn die Pflanzen etwa die Hälfte ihrer endgültigen Größe erreicht haben. Zur Saatgutgewinnung müssen Sie die Pflanzen überwintern. Sie werden mit Vlies abgedeckt.

**KRANKHEITEN UND SCHÄDLINGE:** Blattfleckenkrankheiten, Fußkrankheiten, Violetter Wurzeltöter; Möhrenfliege, Selleriefliege, Schnecken

**ERTRAG:** Etwa 450 g pro Pflanze, 3–4 Monate nach der Saat

**SAMENGEWINNUNG:** Lassen Sie die Fruchtstände an der Pflanze trocknen (sie reifen verschieden schnell, die Ernte erstreckt sich über längere Zeit). Sie werden in einen Kissenbezug gepflückt. Beim Schlagen auf ein Tuch fallen die Samen ab. Worfeln Sie und lagern Sie das Saatgut in einem luftdichten Behälter.

**ERFORDERLICH:** Bestäubungskäfige • Isolation: 1,6 km • Hautreizend! Tragen Sie Handschuhe

**SCHWIERIGKEIT:** Einfach

**HALTBARKEIT DES SAATGUTS:** 5–10 Jahre

# GRÜNER SALAT
## *Lactuca sativa*

TROCKENE SAMEN

**PORTRÄT:** Die einjährige, aus Eurasien stammende Pflanze mit den essbaren Blättern gehört wie Löwenzahn und Sonnenblumen zur großen Familie der Korbblütler (Asteraceae).

Man unterscheicet Pflück- oder Schnittsalat sowie kopfbildende Sorten. Salat neigt dazu, im Sommer Blütenstände zu bilden.

Die Blüten sind insektenbestäubt, die Sorten kreuzen sich miteinander. Wenn Sie samenfestes Saatgut ernten wollen, müssen Sie verschiedene Sorten voneinander isolieren.

**AUSSAAT:** Säen Sie für eine frühe Ernte ab Februar im Haus 1 cm tief in Saatschalen mit Anzuchtsubstrat aus. Pflanzen Sie ab April (unter einer Haube) ins Freiland oder in ein ungeheiztes Gewächshaus. Für eine Ernte im Sommer oder Herbst können Sie von April bis Ende Juli im Freien aussäen. Für eine Ernte im frühen Winter säen Sie ab Anfang August in einem kalten Kasten aus, der die Pflanzen ab Ende September bedeckt. Für eine sehr frühe Ernte können Sie ab Januar in einem schwach geheizten Gewächshaus aussäen. Wenn Sie kontinuierlich ernten wollen, säen Sie alle 2 Wochen in Reihen mit 30 cm Abstand aus.

**KEIMDAUER:** 7–10 Tage

**PFLEGE:** Kultivieren Sie in der Sonne oder im Halbschatten in nährstoffreichem, durchlässigem, wasserspeicherndem Boden, pH-Wert 6,2–6,8. Salat gedeiht auch in Erdsäcken und Kübeln gut.

**KRANKHEITEN UND SCHÄDLINGE:** Falscher und Echter Mehltau; Blattläuse, Eulenraupen, Schnecken

**ERTRAG:** Pflücksalat können Sie kontinuierlich ernten.

**SAMENGEWINNUNG:** Verpacken Sie einige Blütenstände in Papiertüten, damit Vögel die Samen nicht fressen. Wenn die Stiele trocken sind, schneiden Sie die Samenstände ab und dreschen Sie auf einem Tuch. Sieben Sie die Samen, sie müssen dann für einige Wochen auf Papier trocknen. Bewahren Sie die Samen in einem luftdichten Behälter auf.

**ERFORDERLICH:** Bestäubungskäfige • Isolation: 8 m

**SCHWIERIGKEIT:** Einfach

**HALTBARKEIT DES SAATGUTS:** 3 Jahre

# ECHTE KAPUZINERKRESSE

*Tropaeolum majus*

**TROCKENE SAMEN**

**PORTRÄT:** Diese Pflanze, die im 16. Jahrhundert im Dschungel von Peru und Mexiko entdeckt wurde, ist eine zarte Mehrjährige, die in kühlen Klimaten als Einjährige kultiviert wird. Nach ihr ist die Familie der Tropaeolaceae benannt. Mit Blättern und Blüten der aromatischen Kletterpflanze können Sie Salate garnieren oder die Blütenknospen wie Kapern verwenden.

Die herabhängenden Stängel der Kapuzinerkresse tragen runde, scharf schmeckende Blätter und leuchtend gefärbte, essbare Blüten mit Sporn. Es gibt sie in vielen Orange-, Rot- und Gelbtönen. Die Blüten öffnen sich während des ganzen Sommers bis in den Herbst.

Kapuzinerkresse ist wind- und insektenbestäubt. Sie kreuzt sich mit anderen Sorten.

**AUSSAAT:** Säen Sie von April bis Mai im Freiland in 2 cm tiefen Rillen aus. Lassen Sie 30 cm Abstand zwischen den Reihen. Bedecken Sie die Samen mit Erde und gießen Sie. Es ist auch eine Aussaat in biologisch abbaubaren Töpfen im Haus möglich, die man dann in den Garten pflanzt, sodass die Wurzeln nicht beschädigt werden.

**KEIMDAUER:** 14 Tage

**PFLEGE:** Kultivieren Sie Kapuzinerkresse an einem sonnigen Platz oder im Halbschatten in durchlässigem Boden, pH-Wert 6,1–7,8. Die Pflanze bevorzugt mageren Boden und erträgt zeitweilige Trockenheit. Kapuzinerkresse ist unkompliziert. Spritzen Sie gelegentlich mit Wasser die Blattläuse von der Pflanze.

**KRANKHEITEN UND SCHÄDLINGE:** Grauschimmel; Blattläuse, Schnecken

**ERTRAG:** Viele Blätter und Blüten, 4–5 Wochen nach der Aussaat

**SAMENGEWINNUNG:** Die Samen bilden sich in Gruppen zu zweien oder dreien. Unter den Pflanzen finden Sie sicherlich herabgefallene Samen, aber Sie können auch welche pflücken, wenn sie dick und grün sind. Trocknen Sie sie im Haus mehrere Wochen lang auf Papier. Die Aufbewahrung erfolgt in einem luftdichten Behälter.

**ERFORDERLICH:** Handbestäubung • Abdecken der Blüten mit Tüten • Isolation: 800 m

**SCHWIERIGKEIT:** Einfach

**HALTBARKEIT DES SAATGUTS:** 5–10 Jahre

# ASIA-SALATE
## *Brassica*-Arten

TROCKENE SAMEN

**PORTRÄT:** Die winterharten zweijährigen Pflanzen sind in Eurasien heimisch und gehören zur Familie der Kreuzblütler (Brassicaceae). Asia-Salate werden als einjähriges Blattgemüse kultiviert. Stängel, Blätter und Blütenstände sind roh und gekocht essbar. Kultiviert werden China-Kohl (*B. rapa* var. *chinensis*), Pak Choi (*B. rapa* var. *rosularis*), Peking-Kohl (*B. rapa* var. *pekinensis*), Brauner Senf (*B. juncea*) und Mizuna (*B. rapa* var. *nipposinica*). Sie blühen im zweiten Jahr, bei heißen, trockenen Bedingungen, mitunter verfrüht.
   Die Blüten sind insektenbestäubt. Die Pflanzen kreuzen sich untereinander, jedoch mit gewöhnlichem Senf.

**AUSSAAT:** Säen Sie im Frühjahr im Freiland aus, 4–6 Wochen bevor keine Spätfröste mehr zu erwarten sind. Bringen Sie die Samen in 1 cm tiefen Rillen mit 45 cm Abstand aus. Dünnen Sie die Pflanzen auf 15–30 cm Abstand aus. Die Sämlinge nehmen das Umpflanzen übel, säen Sie deshalb im Haus in abbaubaren Töpfen aus, die Sie direkt in den Garten verpflanzen können.

**KEIMDAUER:** 5–7 Tage

**PFLEGE:** Die Kulturen gedeihen in voller Sonne oder im Halbschatten in den meisten durchlässigen, Feuchtigkeit speichernden Böden, pH-Wert 6,5–7,5. Für eine kontinuierliche Ernte können Sie während der Wachstumszeit im Abstand einiger Wochen aussäen. Halten Sie die Pflanzen bei Hitze kühl, indem Sie sie beschatten und gießen. Düngen Sie regelmäßig mit einem stickstoffbetonten Dünger. Überwintern Sie Pflanzen zur Samengewinnung.

**KRANKHEITEN UND SCHÄDLINGE:** Kohlhernie, Echter und Falscher Mehltau; Blattläuse, Weiße Fliege, Schmetterlingsraupen, Erdflöhe, Schnecken, Vögel

**ERTRAG:** 1 kg oder mehr je m³, 3 Monate nach der Saat

**SAMENGEWINNUNG:** Die Blüten entwickeln sich zu Schoten. Sie sollen reifen, bis sie braun sind. Schneiden Sie dann die Fruchtstände ab, die Sie im Haus aufhängen. Brechen Sie die Schoten über einer Schüssel auf. Lassen Sie die Samen trocknen. Bewahren Sie das Saatgut in einem luftdichten Behälter auf.

**ERFORDERLICH:** Bestäubungskäfige • Isolation: 1,6 km • Trocknen mit Reis (siehe S. 41)

**SCHWIERIGKEIT:** Arbeitsintensiv

**HALTBARKEIT DES SAATGUTS:** 5 Jahre

# RETTICH, RADIESCHEN
## *Raphanus sativus*

TROCKENE SAMEN

**PORTRÄT:** Rettiche und Radieschen stammen aus Eurasien und gehören wie Kohl zur Familie der Kreuzblütler (Brassicaceae). Die unkomplizierten Pflanzen werden ihres scharfen, süßen Geschmacks wegen weltweit kultiviert. Sommersorten werden meist roh verzehrt, Wintersorten zu Suppen und Eintöpfen verarbeitet (beim Kochen geht jedoch viel Schärfe verloren). Die Blätter können als Blattgemüse zubereitet werden, die knackigen Schoten können Sie direkt von der Pflanze essen. Rettich gilt als appetitanregend und verdauungsfördernd.

  Man unterteilt in drei Gruppen: Die Radiculata-Gruppe mit schnellwüchsigen, kleinen rot-weißen Knollen; die Longipinnatus-Gruppe mit langen weißen Knollen und die Caudatum-Gruppe, die wegen ihrer essbaren Schoten angebaut wird.

  Die weißen Blüten werden von Bienen bestäubt. Die Pflanzen kreuzen sich mit anderen Rettich- und Radieschensorten und mit wildem Hederich.

**AUSSAAT:** Säen Sie im Freien vom Frühjahr bis zur Mitte des Sommers alle 2–3 Wochen in 1 cm tiefen Rillen aus. Lassen Sie bei Sommerrettich 15 cm und bei Winterrettich 30 cm Abstand.

**KEIMDAUER:** 3–7 Tage

**PFLEGE:** Die Pflanzen gedeihen in voller Sonne oder im Halbschatten in den meisten durchlässigen, Feuchtigkeit speichernden, lockeren Böden, pH-Wert 6,5–7,0. Sie sind einfach zu kultivieren.

**KRANKHEITEN UND SCHÄDLINGE:** Kohlhernie, Echter und Falscher Mehltau; Kohlfliege, Erdflöhe, Schnecken

**ERTRAG:** 1 Wurzel pro Pflanze, viele essbare Blätter und Schoten, 2 Monate nach der Aussaat

**SAMENGEWINNUNG:** Die Pflanzen bilden dicke, spitze Schoten, die je 6 Samen enthalten. Sie sollen an der Pflanze reifen, bis sie braun sind. Ziehen Sie die Pflanzen dann heraus, um sie an einem gut belüfteten Ort aufzuhängen, wo sie weitertrocknen. Holen Sie die Samen heraus oder dreschen Sie. Worfeln und trocknen Sie die Samen. Bewahren Sie das Saatgut in einem luftdichten Behälter auf.

**ERFORDERLICH:** Abdecken der Blütenstände mit Tüten • Bestäubungskäfige • Isolation: 800 m

**SCHWIERIGKEIT:** Einfach

**HALTBARKEIT DES SAATGUTS:** 5–10 Jahre

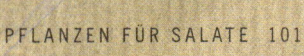

# WIESENKNOPF
## *Sanguisorba minor*

TROCKENE SAMEN

**PORTRÄT:** Der staudige Kleine Wiesenknopf ist eine in Eurasien verbreitete Wildpflanze. Er gehört wie die Apfel- und Kirschbäume zur Familie der Rosengewächse (Rosaceae). Man kann sie roh in Salaten und Dressings verarbeiten. Ein Tee soll Durchfall lindern und die Verdauung fördern, ein Breiumschlag lindert schwächere Blutungen.

Die an Vitamin C reichen Blätter sind in viele gezähnte Fiederblättchen unterteilt. Sie sitzen wechselständig an den bis zu 90 cm hohen Stängeln. Die kleinen rosa-gelben Blüten erscheinen im Juni in ovalen Blütenständen.

Die Blüten sind windbestäubt. Die Pflanze kreuzt sich mit anderen lokalen Kolonien des Kleinen Wiesenknopfs.

**AUSSAAT:** Säen Sie im Haus von März bis April in 8-cm-Töpfen in Anzuchtsubstrat aus. Pflanzen Sie im späten Mai ins Freiland. Alternativ können Sie im Frühjahr oder Frühsommer direkt in einem vorbereiteten Beet im Freien aussäen. Eingewachsene Pflanzen bilden Samen.

**KEIMDAUER:** 21 Tage

**PFLEGE:** Der Kleine Wiesenknopf toleriert exponierte Standorte und Trockenheit. Ideal ist ein Platz in voller Sonne oder im Halbschatten in feuchtem Boden, pH-Wert 5,0–8,0.

**KRANKHEITEN UND SCHÄDLINGE:** Keine

**ERTRAG:** Jede Menge Blätter, 3 Monate nach der Aussaat

**SAMENGEWINNUNG:** Es macht mir viel Spaß, die Samen des Kleinen Wiesenknopfs in meinem Garten zu ernten. Die ovalen Blütenstände verwandeln sich zu hübschen Fruchtständen. Sie sollen an der Pflanze reifen, dabei färben sie sich meistens rostbraun. Wenn sie ausgereift sind, können Sie die Stängel abschneiden und in eine Papiertüte oder einen Kissenbezug stecken. Lassen Sie die Samenstände im Haus weitertrocknen. Drehen Sie die Samen von Hand heraus oder rollen Sie mit einem Nudelholz vorsichtig über den Kissenbezug. Worfeln Sie, trocknen Sie die Samen. Aufbewahrt werden sie in einem luftdichten Behälter.

**ERFORDERLICH:** Abdeckung der Blütenstände mit Tüten • Bestäubungskäfige • Isolation: 800 m

**SCHWIERIGKEIT:** Einfach

**HALTBARKEIT DES SAATGUTS:** Bis zu 25 Jahre

# AMPFER
## *Rumex*-Arten

TROCKENE SAMEN

**PORTRÄT:** Ampfer sind winterharte, in Eurasien verbreitete mehrjährige Pflanzen aus der Familie der Knöterichgewächse (Polygonaceae), zu der auch Buchweizen gehört. Sie werden wegen ihrer würzigen Blätter kultiviert, die man als Salat zubereiten oder wie Spinat blanchieren kann. Die Blätter haben einen hohen Oxalsäuregehalt und sollten deshalb nicht in großen Mengen verzehrt werden, da Oxalsäure die Bildung von Nierensteinen fördern kann. Ampfer ist aber reich an Vitamin C und Mineralstoffen. In der Natur kommen Ampfer-Arten auf Ruderalflächen und auf Wiesen vor. In Kultur wurden Geschmack und Ertrag einiger Linien verbessert.

Es gibt verschiedene Ampfer-Arten: Großer Sauerampfer (*Rumex acetosa*), Schild-Sauerampfer (*R. scutatus*), Kleiner Sauerampfer (*R. acetosella*), Garten-Ampfer (*R. patientia*) und Krauser Ampfer (*R. crispus*). Sie blühen zwischen Mai und August, Samen bilden sie irgendwann zwischen Juni und September.

Die windbestäubten Ampfer kreuzen sich mit anderen Sorten.

**AUSSAAT:** Säen Sie entweder im Mai im Freiland oder im März oder April im Haus in Saatschalen mit Anzuchtsubstrat aus. Bringen Sie die Samen in 1 cm tiefen Rillen mit 30 cm Abstand aus. Pflanzen Sie die Sämlinge in 8-cm-Töpfe. Im Garten sollten Sie die Sämlinge auf 15 cm Abstand ausdünnen.

**KEIMDAUER:** 7–14 Tage

**PFLEGE:** Kultivieren Sie in voller Sonne oder im Halbschatten in durchlässigem, gepflegtem Boden, pH-Wert 6,1–7,8. Ampfer toleriert trockene, magere Böden, schätzt aber regelmäßiges Gießen. Unter einer Vliesabdeckung können Sie bis weit in den Winter hinein Blätter ernten.

**KRANKHEITEN UND SCHÄDLINGE:** Blattläuse

**ERTRAG:** Viele Blätter, 8 Wochen nach der Aussaat

**SAMENGEWINNUNG:** Lassen Sie die Samen an der Pflanze reifen. Sie werden mit der Hand abgestreift, danach folgen Dreschen und Worfeln. Bewahren Sie das Saatgut in einem luftdichten Behälter auf. An jeder Pflanze bilden sich ungefähr 2000 Samen.

**ERFORDERLICH:** Bestäubungskäfige • Isolation: 800 m

**SCHWIERIGKEIT:** Einfach

**HALTBARKEIT DES SAATGUTS:** 10–20 Jahre

# SPINAT
## *Spinacia oleracea*

TROCKENE SAMEN

**PORTRÄT:** Spinat ist eine einjährige Pflanze, die aus dem südwestlichen Asien stammt. Er gehört wie Rote Bete, Mangold und Quinoa zur Familie der Gänsefußgewächse (Chenopodiaceae). Die Blätter sind reich an Vitamin A, B und C, Kalium, Eisen und Folsäure. Spinat soll gut für die Augen und das Herz sein. Die Blätter können Sie als Salat zubereiten oder blanchieren.

Spinat wird bis zu 30 cm hoch. Es gibt viele verschiedene Sorten, von denen manche glatte, andere gewellte Blätter haben.

Die Pflanzen sind windbestäubt. Verschiedene Sorten kreuzen sich miteinander.

**AUSSAAT:** Säen Sie für eine Ernte im Sommer von März bis Juni im Garten mit 2,5 cm Abstand in 1 cm tiefen Rillen aus. Lassen Sie 30 cm Abstand zwischen den Reihen. Gießen Sie die Pflänzchen bei Trockenheit gut. Für eine fortwährende Ernte können Sie alle 3 Wochen eine neue Reihe aussäen. Wenn Sie im Winter ernten wollen, dann säen Sie von August bis Mitte September im Freien aus. Dünnen Sie die Sämlinge auf 8 cm Abstand aus, wenn sie 2 cm hoch sind.

**KEIMDAUER:** 7–14 Tage

**PFLEGE:** Kultivieren Sie in voller Sonne oder im Halbschatten in durchlässigem Boden, pH-Wert 6,4–6,8. Gründüngung fördert das Blattwachstum. Wenn der pH-Wert des Bodens zu niedrig ist, werden die Blätter gelb. Sie können zur Abhilfe Kalk ausbringen. Pflücken Sie zuerst die äußeren Blätter, sodass die inneren nachwachsen können.

**KRANKHEITEN UND SCHÄDLINGE:** Falscher Mehltau; Schnecken, Vögel

**ERTRAG:** 2 kg pro 1 m Reihe, 12 Wochen nach der Saat

**SAMENGEWINNUNG:** Lassen Sie die Samen an der Pflanze ausreifen, die Sie dann in ein Gefäß streifen. Trocknen Sie die Samen eine Woche lang auf Papier. Worfeln Sie das Saatgut und bewahren Sie es anschließend in einem luftdichten Behälter auf.

**ERFORDERLICH:** Bestäubungskäfige • Abdecken der Blütenstände mit Tüten • Isolation: 15 km

**SCHWIERIGKEIT:** Einfach

**HALTBARKEIT DES SAATGUTS:** 5–7 Jahre

# TOMATE

*Lycopersicon esculentum*

**FEUCHTE SAMEN**

**PORTRÄT:** Die Tomate stammt aus Südamerika und gehört wie die Aubergine zur Familie der Nachtschattengewächse (Solanaceae).

Stabtomaten haben einen Haupttrieb, der aufgebunden und ausgegeizt werden muss. Buschtomaten sind kompakter und bilden viele seitliche Triebe. Die Früchte sind meist rot, aber es gibt sie in vielen Farben, Formen und Größen.

Tomaten sind Selbstbestäuber, sie werden auch vom Wind und von Insekten bestäubt. Verschiedene Sorten kreuzen sich miteinander.

**AUSSAAT:** Säen Sie für eine Ernte im Sommer ab März im Haus in 8-cm-Töpfe aus. Bringen Sie die Samen dünn auf Anzuchtsubstrat aus, die Sie mit einer 2 cm dicken Substratschicht bedecken. Drücken Sie die Samen leicht an und gießen Sie. Später müssen Sie die Pflänzchen ausdünnen und nach 8 Wochen einzeln in 8-cm-Töpfe pflanzen. Wenn sich die ersten Blütenstände bilden, können Sie die jungen Pflanzen in angereicherte Erde oder in Erdsäcke setzen.

**KEIMDAUER:** 7–14 Tage

**PFLEGE:** Kultivieren Sie in voller Sonne oder in lichtem Schatten in nährstoffreichem, durchlässigem Boden, pH-Wert 6,0–6,8. Gießen Sie täglich, wenn sich die Blüten bilden und düngen Sie einmal wöchentlich mit Tomaten-Flüssigdünger. Binden Sie Stabtomaten an einem Gerüst auf und kneifen Sie Triebe in den Blattachseln aus. Entfernen Sie die Triebspitze, wenn sich 4 Blütenstände gebildet haben.

**KRANKHEITEN UND SCHÄDLINGE:** Kraut- und Braunfäule, Stängelgrundfäule, Grauschimmel; Rote Spinne, Blattläuse, Weiße Fliege, Schmetterlingsraupen, Kartoffelzystennematoden

**ERTRAG:** Bis zu 3 kg pro Pflanze 5–6 Monate nach der Aussaat

**SAMENGEWINNUNG:** Lassen Sie die Früchte an der Pflanze überreif werden. Schaben Sie die Samen heraus, die Sie sieben und waschen. Dann werden sie auf einem Teller getrocknet. Achten Sie darauf, dass sie nicht zusammenkleben. Wenn die Samen völlig trocken sind, werden sie in einem luftdichten Behälter aufbewahrt.

**ERFORDERLICH:** Abdecken der Blütenstände mit Tüten • Bestäubungskäfige • Isolation: 10 m

**SCHWIERIGKEIT:** Mittel

**HALTBARKEIT DES SAATGUTS:** 5–10 Jahre

# QUINOA
*Chenopodium quinoa*

TROCKENE SAMEN

**PORTRÄT:** Diese getreideähnliche Pflanze stammt aus den Gebirgen Boliviens, Chiles und Perus. Sie gehört wie Rote Bete und Spinat zur Familie der Gänsefußgewächse (Chenopodiaceae). Quinoa ist sehr nährstoffreich. Man verzehrt die Körner und kann die Blätter als Salat oder Gemüse zubereiten. Selbst geerntete Quinoa-Körner müssen mindestens fünfmal gewaschen werden, denn sie sind mit bitteren, für Menschen ungenießbaren Saponinen bedeckt.

Die Pflanzen werden bis 2 m hoch, sie haben hartfaserige Stängel und breite, gezähnte Blätter. An der Triebspitze erscheinen im Sommer große, knäuelige Blütenstände in verschiedenen rosa-bräunlichen oder orangebraunen Tönen.

Die selbstbestäubten Blüten werden auch vom Wind und von Insekten bestäubt. Quinoa kreuzt sich mit nah verwandten Arten.

**AUSSAAT:** Säen Sie von April bis Mai im Freien in 1 cm tiefen Rillen aus. Die Reihen sollten 45–60 cm Abstand haben.

**KEIMDAUER:** 1–2 Tage

**PFLEGE:** Kultivieren Sie in voller Sonne in durchlässigem, stickstoff- und phosphatreichem Boden, pH-Wert 6,0–7,5. Die Pflanzen sind winterhart und tolerieren Trockenheit. Gießen Sie während der Wachstumszeit gut und weniger, wenn sich die Blüten gebildet haben.

**KRANKHEITEN UND SCHÄDLINGE:** Schnecken

**ERTRAG:** 30–60 g pro Pflanze, 4 Monate nach der Aussaat

**SAMENGEWINNUNG:** Wenn die Blätter abgefallen und die Fruchtstände getrocknet sind, können Sie die Samen mit Handschuhen in ein Gefäß abstreifen. Achten Sie auf die Witterung, denn die Samen keimen manchmal an der Pflanze, wenn es regnet. Ernten Sie sie deshalb, bevor sie ganz trocken sind (drücken Sie mit dem Daumennagel hinein: Wenn nur eine kleine Delle zurückbleibt, ist es so weit). Worfeln Sie die Samen und legen Sie sie auf Papier zum Trocknen aus. Wenden Sie das Saatgut ab und zu. Es muss ganz trocken sein, bevor man es in einem luftdichten Behälter aufbewahrt.

**ERFORDERLICH:** Abdecken der Blütenstände mit Tüten • Bestäubungskäfige • Isolation: 800 m

**SCHWIERIGKEIT:** Mittel

**HALTBARKEIT DES SAATGUTS:** Bis zu 40 Jahre

# Blumen

Es macht viel Freude, Blumen zu pflanzen.
Sie verzaubern den Garten mit ihren herrlichen
Farben und betörenden Düften. Sie locken
Insekten und andere Tiere an.

Die wesentliche Aufgabe einer Blüte ist die
Fortpflanzung: Mit ihren Farben und Formen locken Blüten
ihre Bestäuber an. Nach der Bestäubung bilden sich
Früchte mit Samen. Manche haben faszinierende
Verbreitungsmechanismen entwickelt.

Der folgende Teil des Buchs stellt jene Zier- und
Wildpflanzen vor, von denen ich am
liebsten Samen gewinne.

# KLEE
## *Trifolium*-Arten

TROCKENE SAMEN

**PORTRÄT:** Klee gehört wie Erbsen und Feuer-Bohnen zur Familie der Hülsenfrüchtler (Leguminosae). Es gibt etwa 300 verschiedene Klee-Arten. Die meisten sind kleine Pflanzen, ein-, zwei- oder mehrjährig. Verschiedene Arten werden als Futterpflanzen angebaut. anderen schreibt man Heilwirkung zu, wie eine Linderung bei Wechseljahresbeschwerden, Bronchitis, Verbrennungen, Geschwüren und Asthma. Wie die meisten Pflanzen der Familie fixiert Klee Stickstoff. Er wird als Gründünger zur Bodenverbesserung eingesetzt. Der lateinische Name der Gattung bezieht sich auf die dreiteiligen Blätter.

Klee blüht im Sommer bis zu 8 Wochen lang. Die kugeligen Blütenstände bestehen aus zahlreichen kleinen roten, violetten, weißen oder gelben Blüten. Jede Blüte reift zu einer Hülsenfrucht mit ein oder zwei nierenförmigen Samen heran.

Die Blüten können sich nicht selbst bestäuben. Sie sind darauf angewiesen, dass Bienen Pollen herbeitransportieren. Klee kreuzt sich mit anderen *Trifolium*-Arten.

**AUSSAAT:** Säen Sie vom April bis August im Freien breitwürfig aus und arbeiten Sie die Samen mit einem Rechen 1–2 cm tief in den Boden ein.

**KEIMDAUER:** Bis zu 14 Tage

**PFLEGE:** Klee wächst auf verschiedenen Böden und in unterschiedlichem Klima. Er eignet sich zur Gründüngung. Am besten gedeiht Klee in voller Sonne oder im Halbschatten, pH-Wert 5,0–8,0.

**KRANKHEITEN UND SCHÄDLINGE:** Schnecken

**SAMENGEWINNUNG:** Die Blütenstände reifen zu unterschiedlichen Zeiten zu Samenständen heran. Wenn diese sich dunkel färben, können Sie die Samen in eine Papiertüte zupfen. Breiten Sie den Inhalt auf Zeitungspapier aus und lassen Sie ihn noch einige Wochen trocknen. Die Samen müssen aus den Hülsen gedrückt oder gedroschen werden. Bewahren Sie die trockenen Samen in einem luftdichten Behälter auf.

**ERFORDERLICH:** Abdecken der Blütenstände mit Tüten • Isolation: 800 m

**SCHWIERIGKEIT:** Leicht

**HALTBARKEIT DES SAATGUTS:** Bis zu 30 Jahre

# KORNBLUME
## *Centaurea cyanus*

TROCKENE SAMEN

**PORTRÄT:** Diese winterharte einjährige Pflanze stammt aus der Mittelmeerregion und gehört wie Sonnen- und Ringelblumen zur Familie der Korbblütler (Asteraceae). Der deutsche Name verweist darauf, dass sie früher in Getreidefeldern häufig war. Heute sieht man sie selten, weil auf Feldern gegen Wildkräuter gespritzt wird.

Kornblumen werden bis zu 90 cm hoch. An den leicht behaarten Stängeln sitzen lanzettliche Blätter. Die Kronblätter der Korbblüten sind leuchtend blau. Es gibt auch Gartensorten mit roten, rosa, violetten und weißen Korbblüten.

Die Blüten können sich nicht selbst bestäuben. Sie sind darauf angewiesen, dass Insekten den Pollen herbeitransportieren.

**AUSSAAT:** Säen Sie im März oder September im Freien aus. Sie können auch während der Wachstumszeit mehrmals aussäen. Gießen Sie die Samen gut, halten Sie die Saat bis zur Keimung feucht. Alternativ können Sie im Frühjahr im Haus in abbaubaren Töpfen aussäen. Bringen Sie 2–3 Samen pro Topf in Anzuchtsubstrat aus und besprühen Sie die Saat mit Wasser. Bedecken Sie die Töpfe mit Frischhaltefolie und stellen Sie sie auf eine Fensterbank. Verpflanzen Sie die Pflänzchen ins Freie, wenn sie 10 cm hoch sind.

**KEIMDAUER:** 7–14 Tage

**PFLEGE:** Kultivieren Sie in voller Sonne und durchlässigem Boden, pH-Wert 6,6–7,8. Kornblumen wachsen auch auf magerem Boden. Manchmal muss man sie unauffällig stützen. Wird Verblühtes entfernt, blühen die Pflanzen länger.

**KRANKHEITEN UND SCHÄDLINGE:** Falscher und Echter Mehltau; Blattläuse, Schnecken

**SAMENGEWINNUNG:** Wenn die Blütenköpfe verblüht sind, fallen die Kronblätter ab. Die Samen haben sich gebildet und reifen von Grün nach Gelbbraun. Der Fruchtstand trocknet und entlässt die Samen. Sie müssen sie ernten, bevor das passiert. Schneiden Sie die Samenstände ab, um sie in einer Papiertüte im Haus zum Trocknen aufzuhängen. Die meisten Samen fallen in die Tüte, manche müssen Sie wahrscheinlich lockern. Worfeln Sie, trocknen Sie das Saatgut gründlich und bewahren Sie es in einem luftdichten Behälter auf.

**ERFORDERLICH:** Bestäubungskäfige • Isolation: 800 m

**SCHWIERIGKEIT:** Leicht

**HALTBARKEIT DES SAATGUTS:** 5–10 Jahre

# GEWÖHNLICHE KORNRADE
## *Agrostemma githago*

**TROCKENE SAMEN**

**PORTRÄT:** Diese schnellwüchsige, winterharte Pflanze stammt aus dem Mittelmeerraum und gehört zur Familie der Nelkengewächse (Caryophyllaceae). Früher war sie in Getreidefeldern sehr häufig, aber wegen der modernen landwirtschaftlichen Methoden ist sie heute selten geworden. Sie ist eine schöne Schnittblume, aber Sie müssen beachten, dass alle Teile der Pflanze giftig sind.

Kornraden sind 1 m hohe, einjährige Pflanzen mit schmalen graugrünen Blättern und schlanken, fein behaarten Stängeln. Die pinkfarbenen Blüten öffnen sich von Juni bis August einzeln an den Enden der Stängel. Die Kronblätter sind an der Basis weiß und mit dunklen Linien gezeichnet. Die langen Kelchblätter sind vorn zugespitzt.

Die auffälligen Blüten werden von Insekten bestäubt. Sie stellen eine gute Nahrungsquelle für Bienen und Schmetterlinge dar.

**AUSSAAT:** Säen Sie im Herbst oder im März im Garten aus. Alternativ können Sie im Haus im Herbst in 8-cm-Töpfen in Anzuchtsubstrat aussäen und die Pflanzen in einem kalten Kasten oder ungeheizten Gewächshaus überwintern. Setzen Sie die Pflanzen im nächsten Frühjahr ins Freie.

**KEIMDAUER:** 7 Tage

**PFLEGE:** Kultivieren Sie in voller Sonne oder im Halbschatten in durchlässigem Boden, pH-Wert 6,5–8,2. Die Kornrade ist unkompliziert und braucht sehr wenig Pflege.

**KRANKHEITEN UND SCHÄDLINGE:** Keine

**SAMENGEWINNUNG:** Lassen Sie die Kapseln an der Pflanze reifen. Wenn die Blüten verblühen, färben sie sich strohgelb. Sie enthalten viele schwarze, raue Samen. Schließlich springen sie oben auf, um die Samen zu entlassen. Sammeln Sie die trockenen Kapseln in einem Kissenbezug, legen Sie ihn auf den Boden und treten Sie vorsichtig darauf herum, damit die Samen herausfallen. Worfeln und trocknen Sie die Samen. Bewahren Sie das Saatgut in einem luftdichten Behälter auf.

**ERFORDERLICH:** Bestäubungskäfige • Isolation: 800 m • Hautreizend! Tragen Sie Handschuhe.

**SCHWIERIGKEIT:** Einfach

**HALTBARKEIT DES SAATGUTS:**
2 Jahre

# ROTER SCHEINSONNENHUT
## *Echinacea purpurea*

TROCKENE SAMEN

**PORTRÄT:** Diese 1 m hohe winterharte Staude stammt aus Nordamerika. Sie ist wie Salat und Ringelblume ein Mitglied der großen Familie der Korbblütler (Asteraceae). Die bekannte Heilpflanze soll das Immunsystem stärken.

Die Stängel sind spärlich weiß behaart und tragen ovale bis lanzettliche, grob gezähnte Blätter. Die großen rosavioletten Blütenköpfe, die sich vom Hochsommer bis in den Oktober öffnen, bestehen aus vielen kleinen Einzelblüten.

Die Blüten werden von Insekten bestäubt.

**AUSSAAT:** Säen Sie im April im Garten je 3–4 Samen in 1 cm tiefen Rillen aus. Regen fördert die Keimung. Sie können auch in einem nicht geheizten Gewächshaus oder kalten Kasten in Saatschalen mit Anzuchtsubstrat aussäen. Setzen Sie die Sämlinge in 8-cm-Töpfe um, wenn das zweite Paar Laubblätter erschienen ist. Pflanzen Sie im Herbst in den Garten und schützen Sie die jungen Pflanzen vor Schnecken.

**KEIMDAUER:** 14–30 Tage

**PFLEGE:** Kultivieren Sie in voller Sonne oder im lichten Schatten, idealerweise in recht trockenem Boden. Die Pflanze toleriert nährstoffreiche sowie magere Böden und unterschiedliche pH-Werte. Jäten Sie regelmäßig Unkräuter in der Umgebung.

**KRANKHEITEN UND SCHÄDLINGE:** Blattfleckenkrankheiten; Schnecken

**SAMENGEWINNUNG:** Schneiden Sie einige ganz ausgereifte Blütenstände mit langen Stielen ab. Stecken Sie sie in eine Papiertüte, die Sie um die Stiele festbinden. So können Sie diese im Haus aufhängen. Wenn alle Samen in die Tüte gefallen sind, können Sie die Spreublätter entfernen und die Samen auf Zeitungspapier ausbreiten. Lassen Sie das Saatgut noch 2 Wochen an der Luft trocknen und bewahren Sie es in einem luftdichten Behälter auf.

**ERFORDERLICH:** Handbestäubung • Abdecken der Blütenköpfe mit Tüten • Isolation: 800 m

**SCHWIERIGKEIT:** Einfach

**HALTBARKEIT DES SAATGUTS:** 3 Jahre

# GEWÖHNLICHE STOCKROSE *Alcea rosea*

TROCKENE SAMEN

**PORTRÄT:** Die Gewöhnliche Stockrose stammt aus dem westlichen Asien und gehört wie Okra zur Familie der Malvengewächse (Malvaceae). Die Pflanze ist mehrjährig, stirbt manchmal aber nach dem ersten oder zweiten Sommer ab. Einige Sorten werden mehr als 2 m hoch.

An den hohen Blütenständen öffnen sich im Sommer viele Blüten. Die 5 Kronblätter überlappen sich und bilden einen breiten Trichter. Stockrosen gibt es in Weiß, in vielen Rosa-, Violett-, Gelb- und Rottönen. Die rundlichen Blätter sind meist gelappt und haben eine runzelige Oberfläche. Die Unterseite ist hellgrün und filzig behaart.

Die Blüten sind insektenbestäubt. Die Pflanzen kreuzen sich mit anderen Sorten. Eine Stockrose kann über 9000 Samen bilden.

**AUSSAAT:** Säen Sie im Februar im Haus je 3 Samen pro 8-cm-Topf in normalem Substrat aus, 2 cm tief. Gießen Sie und stellen Sie den Topf an eine sonnige Stelle. Halten Sie die Erde feucht. Wenn die ersten Laubblätter erscheinen, können Sie die Pflanzen ins Freie pflanzen. Beschädigen Sie die lange Wurzel nicht.

**KEIMDAUER:** 7–30 Tage

**PFLEGE:** Kultivieren Sie in voller Sonne und durchlässigem Boden, pH-Wert 6,0–8,0. Die Pflanzen ertragen Trockenheit.

**KRANKHEITEN UND SCHÄDLINGE:** Rost; Blattläuse, Erdflöhe, Blindwanzen, Eulenraupen, Schnecken

**SAMENGEWINNUNG:** Warten Sie, bis die Kronblätter abgefallen und die Samen an der Pflanze gereift sind. Es bildet sich eine diskusförmige Spaltfrucht aus mehreren Teilfrüchten, die Samen enthalten. Diese sind abgeflacht, oval und auf einer Seite eingekerbt. Zwicken Sie die Spaltfrüchte ab. Sie sollen einige Wochen lang auf Papier trocknen. Öffnen Sie dann die Teilfrüchte und nehmen sie die Samen mit den Fingern heraus. Legen Sie das Saatgut noch eine Woche lang auf Zeitungspapier aus und bewahren Sie es in einem luftdichten Behälter auf, wenn es völlig trocken ist.

**ERFORDERLICH:** Bestäubungskäfige • Isolation: 800 m • Hautreizend! Tragen Sie Handschuhe.

**SCHWIERIGKEIT:** Einfach

**HALTBARKEIT DES SAATGUTS:** 5 Jahre

# SILBERBLATT

*Lunaria annua*

TROCKENE SAMEN

**PORTRÄT:** Die zweijährige Pflanze stammt aus Eurasien und gehört wie Kohl zur Familie der Kreuzblütler (Brassicaceae). Die pergamentartigen Schötchen, die sich im Sommer bilden, erinnern an Vollmonde, daher der lateinische Name der Gattung. Der zweite Teil des wissenschaftliche Names ist irreführend, denn die Pflanze ist zweijährig. Sie bildet erst im zweiten Jahr Blüten und Früchte. In jedem mondartigen Schötchen befinden sich 6 Samen. Das Einjährige Silberblatt wird bis 90 cm hoch. Ihre weißen oder violetten Blüten sind für Schmetterlinge und Bienen eine wertvolle Nahrungsquelle.

Die Blüten mit 4 Kronblättern sind insektenbestäubt, die Pflanzen kreuzen sich mit anderen Sorten.

**AUSSAAT:** Säen Sie im zeitigen Frühjahr im Haus aus. Füllen Sie die Saatschale mit Substrat, sodass zum oberen Rand 2 cm Abstand bleiben und verdichten Sie die Erde. Ziehen Sie dann 2 cm tiefe Rillen mit 5 cm Abstand. Säen Sie in Abständen von 3 cm je 2 oder 3 Samen gleichzeitig aus und bedecken Sie die Saatschale mit Substrat. Stellen Sie sie an eine sonnige Stelle und gießen Sie jeden Tag. Pikieren Sie, wenn sich ein Paar echter Blätter entwickelt hat und pflanzen Sie ins Freie, wenn 3 Paare von echten Blättern erschienen sind.

**KEIMDAUER:** 7–14 Tage

**PFLEGE:** Kultivieren Sie in voller Sonne oder im Halbschatten in durchlässigem, aber Feuchtigkeit speicherndem Boden, pH-Wert 5,6–7,5. Samen bilden sich erst im zweiten Jahr.

**KRANKHEITEN UND SCHÄDLINGE:** Kohlhernie

**SAMENGEWINNUNG:** Lassen Sie die Schötchen an der Pflanze ausreifen. Sie färben sich braun. Schneiden Sie den Stängel ab und geben Sie ihn umgekehrt in eine Papiertüte. Hängen Sie diese 7–21 Tage lang auf. In den Schötchen befinden sich braune Samen. Ziehen Sie die äußeren Schichten ab und holen Sie die Samen heraus. Sie werden nach gründlichem Trocknen in einem luftdichten Behälter aufbewahrt.

**ERFORDERLICH:** Bestäubungskäfige • Isolation: 800 m • Kann Heuschnupfen verursachen

**SCHWIERIGKEIT:** Mittel

**HALTBARKEIT DES SAATGUTS:** 2–4 Jahre

# SCHWARZKÜMMEL
## *Nigella sativa*

**PORTRÄT:** Diese hübsche einjährige Pflanze ist in Eurasien heimisch. Sie ist wie Pfingstrosen ein Mitglied der Familie der Hahnenfußgewächse (Ranunculaceae) und wird ihrer Samen wegen geschätzt. Schwarzkümmel wird in der Volksmedizin bei Zahnschmerzen, Kopfschmerzen und Verdauungsbeschwerden verabreicht. Er schmeckt charakteristisch scharf. In Indien, Südasien und einigen osteuropäischen Ländern ist Schwarzkümmel ein beliebtes Gewürz. Die Jungfer im Grünen (*Nigella damascena*) ist nah verwandt und sieht ähnlich aus.

Zarte, gefiederte Blätter umgeben die zierlichen weißen oder blauen Blüten. Nach der Bestäubung bildet sich eine große, aufge-triebene Balgfrucht, eine Sammelfrucht mit vielen Samen.

Die Blüten sind insektenbestäubt.

**AUSSAAT:** Säen Sie vom April bis Mai im Garten aus. Verbes-sern Sie den Boden vorher mit Kompost, arbeiten Sie die Samen mit einem Rechen ein. Gießen Sie während der Wachstumszeit mit feiner Brause. In milden Regionen sind die jungen Pflanzen winter-hart, sodass man bis September aussäen kann.

**KEIMDAUER:** 7–14 Tage

**PFLEGE:** Kultivieren Sie in voller Sonne oder im Halbschatten, pH-Wert 6,6–7,5.

**KRANKHEITEN UND SCHÄDLINGE:** Keine

**SAMENGEWINNUNG:** Warten Sie, bis sich die Balgfrüchte an der Pflanze völlig ausgebildet haben, sonst sind die Samen noch nicht reif. Die Frucht hat bis zu 7 Kammern, von denen jede viele schwarze Samen enthält. Wenn sie trocknet, springt die Frucht auf und entlässt die Samen. Sobald ein Spalt sichtbar wird, schneiden Sie die Frucht zusammen mit einem Teil des Stiels ab. Hängen Sie die geernteten Früchte bis zu 3 Wochen lang in einer Papiertüte im Haus auf. Schütteln Sie ab und zu die Tüte, damit die Samen hineinfallen. Füllen Sie das Saatgut dann in eine Schüssel und ziehen Sie die Früchte auseinander, damit auch die letzten Samen herausfallen. Sieben Sie Abfälle heraus, lassen Sie die Samen trocknen und bewahren Sie das Saatgut danach in einem luftdichten Behälter auf.

**ERFORDERLICH:** Bestäubungskäfige • Isolation: 800 m

**SCHWIERIGKEIT:** Einfach

**HALTBARKEIT DES SAATGUTS:** 2 Jahre

# GARTEN-RINGEL-BLUME *Calendula officinalis*

**TROCKENE SAMEN**

**PORTRÄT:** Die winterharte einjährige Pflanze gehört wie Sonnenblumen zur Familie der Korbblütler (Asteraceae) und stammt aus der Mittelmeerregion. Die Blätter und Blüten eignen sich als Zutaten zu Salaten und Suppen. Der Zusatz »officinalis« weist darauf hin, dass die Pflanze bereits seit Langem als Heilpflanze verwendet wird. Sie lindert verschiedene Hautbeschwerden.

Ringelblumen werden bis zu 50 cm hoch und haben auffällige Korbblüten in Gelb- und Orangetönen. Sie reagieren empfindlich auf Temperaturschwankungen und Veränderungen der Luftfeuchtigkeit; sie schließen sich, wenn es dunkel wird oder wenn Regen zu erwarten ist. Die Blätter riechen aromatisch.

Die insektenbestäubten Blüten öffnen sich vom Juni bis in den Oktober.

**AUSSAAT:** Säen Sie vom zeitigen Frühjahr bis in den Herbst im Freien 1 cm tief und mit 5 cm Abstand aus. Unter Schutz können Sie vom Februar bis in den April in Multitöpfen aussäen, je 2 Samen pro Topf.

**KEIMDAUER:** 7–14 Tage

**PFLEGE:** Kultivieren Sie in der vollen Sonne oder im Halbschatten in jedem durchlässigen, feuchten Boden, pH-Wert 4,5–8,3. Ringelblumen kommen mit mageren Böden zurecht. Kneifen Sie die Triebspitzen aus, bevor die Pflanzen zu blühen beginnen, denn dann wachsen sie buschiger.

**KRANKHEITEN UND SCHÄDLINGE:** Gurkenmosaikvirus, Echter Mehltau; Blattläuse

**SAMENGEWINNUNG:** Lassen Sie die Samen an der Pflanze reifen, wenn die Blütenblätter abgefallen sind. Die stacheligen Samen sitzen in einem runden Fruchtstand und sind gekrümmt wie Krallen. Sie färben sich von Grün nach Braun. Schneiden Sie den Fruchtstand ab und sammeln Sie die Samen heraus. Lassen Sie das Saatgut auf Zeitungspapier mindestens eine Woche lang trocknen und bewahren Sie es in einem luftdichten Behälter auf.

**ERFORDERLICH:** Abdecken der Blütenköpfe mit Tüten • Isolation: 800 m

**SCHWIERIGKEIT:** Einfach

**HALTBARKEIT DES SAATGUTS:** 3 Jahre

# MOHN
## *Papaver*-Arten

**TROCKENE SAMEN**

**PORTRÄT:** Mohn-Arten (*Papaver*-Arten) sind weltweit verbreitet. Nach dem Mohn ist die Familie der Mohngewächse (Papaveraceae) benannt. Die Gattung *Papaver* umfasst winterharte einjährige, zweijährige und staudige Arten mit vielen verschiedenen auffälligen Blütenfarben. Der einjährige Klatschmohn (*P. rhoeas*) kommt in der Natur häufig an Feldrändern und Böschungen vor. Die Samen des Schlaf-Mohns (*P. somniferum*) sind in der Küche als Zutaten für Gebäck beliebt. Der Anbau muss in Deutschland vom Bundesinstitut für Arzneimittel und Medizinprodukte genehmigt werden. Die Sorten des Orientalischen Mohns (*P. orientale*) sind verbreitete Prachtstauden.

Die Blüten halten sich meistens nur wenige Tage, dennoch gehört Mohn zu den beliebtesten Gartenpflanzen. Die 4 bis 6 zarten Kronblätter haben bei Kultursorten manchmal schwarze Flecken am Grund. Die Blüten sind weiß, gelb, orangefarben, rosa und rot.

Mohnpflanzen sind Selbstbestäuber, werden aber häufig auch von Insekten bestäubt und bilden Hybriden.

**AUSSAAT:** Säen Sie die Samen breitwürfig im Freien aus. Arbeiten Sie sie mit dem Rechen leicht ein und gießen Sie gut.

**KEIMDAUER:** 1–6 Wochen

**PFLEGE:** Mohn gedeiht in voller Sonne oder im Halbschatten in durchlässigen, etwas trockenen Böden, pH-Wert 6,1–7,8.

**KRANKHEITEN UND SCHÄDLINGE:** Falscher und Echter Mehltau; Blattläuse, Schnecken

**SAMENGEWINNUNG:** Die grünen Samenkapseln färben sich allmählich braun. Wenn oben an der Kapsel Öffnungen sichtbar werden und sich Stängel und Blätter gelb färben, können Sie die Kapseln abschneiden und zum Trocknen umgekehrt in eine Papiertüte stecken. Hängen Sie diese 3 Wochen lang im Haus auf und schütteln Sie sie gelegentlich. Öffnen Sie die Tüte danach in einer Schüssel. Holen Sie die Stängel mit den Kapseln nach unten heraus und klopfen Sie sie gegen die Seiten der Schüssel, sodass die Samen herausfallen. Wenn diese getrocknet sind, können Sie das Saatgut in einem luftdichten Behälter aufbewahren.

**ERFORDERLICH:** Abdecken der Blüten mit Tüten • Isolation: 800 m

**SCHWIERIGKEIT:** Einfach

**HALTBARKEIT DES SAATGUTS:** 10+ Jahre

# SCHLÜSSELBLUME
## *Primula vulgaris*

**TROCKENE SAMEN**

**PORTRÄT:** Die winterharte Staude gehört zur Familie der Primelgewächse (Primulaceae) und ist in Eurasien heimisch. Die Wildform hat hübsche hellgelbe Blüten. Es sind von dem Frühjahrsblüher viele Gartensorten mit weißen, rosa, violetten, dunkelgelben oder zweifarbigen Blüten erhältlich.

Die Stängellose Schlüsselblume bildet eine niedrige Rosette aus dicken, runzeligen Blättern. Die Blüten erscheinen im zeitigen Frühjahr und öffnen sich oft bis Mai.

Die Blüten werden von Insekten und vom Wind bestäubt. Um Samen zu gewinnen, sollten Sie immer nur eine Sorte anpflanzen, denn die Sorten kreuzen sich leicht.

**AUSSAAT:** Säen Sie im Herbst im Freien an Ort und Stelle mit 5 bis 20 cm Abstand aus. Wollen Sie im Haus säen, mischen Sie Samen mit Substrat, um Winterbedingungen zu simulieren: Geben Sie die Mischung in eine Gefriertüte, die Sie 3 Wochen lang in den Kühlschrank legen. Prüfen Sie gelegentlich, ob das Substrat noch feucht ist. Stellen Sie die Tüte dann ins Licht, sodass die Samen keimen oder breiten Sie den Inhalt vorher in einer Saatschale aus.

**KEIMDAUER:** 3–4 Wochen

**PFLEGE:** Kultivieren Sie in voller Sonne oder im Halbschatten in feuchtem, aber durchlässigem Boden, pH-Wert 5,5–7,0. Reichern Sie den Boden vorher mit viel Laubmulch an. Mulchen Sie im Sommer, um die Wurzeln kühl zu halten.

**KRANKHEITEN UND SCHÄDLINGE:** Wurzelhalsfäule, Grauschimmel; Blattläuse, Schnecken

**SAMENGEWINNUNG:** Sobald die Blüten welken und sich die Kapselfrüchte bilden, sollten Sie die Pflanzen im Auge behalten: Wenn sich die Stiele nach unten biegen, springen die reifen Kapseln auf und entlassen die Samen. Schneiden Sie den Schaft an der Basis ab, sobald sich die Kapsel braun färbt und eintrocknet. Bewahren Sie die Schäfte in offenen Papiertüten in einem warmen, gut belüfteten Raum 2 Wochen lang auf und brechen Sie die trockenen Kapseln dann über einer Schüssel auf. Trocknen Sie das Saatgut und bewahren Sie es in einem luftdichten Behälter auf.

**ERFORDERLICH:** Bestäubungskäfige • Isolation: 800 m

**SCHWIERIGKEIT:** Mittel

**HALTBARKEIT DES SAATGUTS:** 2 Jahre

# ROTE LICHTNELKE
## *Silene dioica*

TROCKENE SAMEN

**PORTRÄT:** Die Rote Lichtnelke ist eine europäische Pflanzenart. Sie gehört wie die Kornrade zur Familie der Nelkengewächse (Caryophyllaceae). Die Art wächst an Wald- und Wegrändern, in Hecken, auf Ödland und auch in Gärten. Die mehrjährige, krautige Pflanze hat etwa 50 cm hohe, aufrechte Stängel.

Die behaarten Blätter stehen in gegenständigen Paaren am Stängel. Im Frühsommer öffnen sich pinkfarbene Blüten, jede mit 5 tief zweispaltigen Kronblättern und einer Nebenkrone am Schlund.

Die Blüten sind insektenbestäubt. Die Rote Lichtnelke kreuzt sich oft mit der Weißen Lichtnelke, die Blüten der Nachkommen sind heller rosa. Zur Samengewinnung sollten Sie deshalb nur eine Art kultivieren. Sie brauchen sowohl männliche als auch weibliche Pflanzen. Weil die männlichen und die weiblichen Blüten an getrennten Pflanzen stehen, benötigen Sie Bestäubungskäfige. Männliche Blüten haben 10 Staubblätter, weibliche hingegen 5 Griffel.

**AUSSAAT:** Die Samen können Sie das ganze Jahr über direkt im Garten oder im März oder April im Haus aussäen. Pflanzen Sie die Sämlinge in 8-cm-Töpfe, wenn die ersten Laubblätter erscheinen. Setzen Sie die Pflanzen im Juni ins Freiland.

**KEIMDAUER:** 7–14 Tage

**PFLEGE:** Kultivieren Sie im Halbschatten oder Schatten in feuchtem, aber durchlässigem Boden, pH-Wert 5–7,5. Reichern Sie den Boden vorher mit reichlich gut verrottetem organischem Material an.

**KRANKHEITEN UND SCHÄDLINGE:** Echter Mehltau, Brandpilz an Antheren; Schnecken

**SAMENGEWINNUNG:** Die Kapseln reifen zu verschiedenen Zeiten. Sie sind zunächst grün, glänzend und eiförmig; sie werden später braun. Wenn sie trocknen, öffnen sie sich an der Spitze, indem sich 10 Zähne nach außen krümmen. In der Kapsel befinden sich bis zu 20 kleine schwarze Samen, die herausfallen. Lassen Sie die Samen im Haus 2 Wochen lang auf einem mit Papier ausgelegten Tablett trocknen. Bewahren Sie das Saatgut danach in einem luftdichten Behälter auf.

**ERFORDERLICH:** Bestäubungskäfige • Isolation: 800 m

**SCHWIERIGKEIT:** Einfach

**HALTBARKEIT DES SAATGUTS:** 5 Jahre

# SONNENBLUME
## *Helianthus annuus*

**TROCKENE SAMEN**

**PORTRÄT:** Sonnenblumen stammen aus Amerika und wurden bereits von Indianervölkern kultiviert. Die sehr beliebten Mitglieder der Familie der Korbblütler (Asteraceae) sind einjährige Pflanzen. Sie werden weltweit angebaut, denn sie liefern Sonnenblumenkerne und Öl, auch die Blüten sind essbar.

Sonnenblumen wachsen schnell, in einem Sommer können sie 3 m hoch oder höher werden. Es gibt Sorten mit nur einem Blütenkopf und solche mit verzweigten Stängeln und vielen kleineren Blütenständen, die schöne Schnittblumen ergeben. Am Stängel sitzen rau behaarte, gezähnte Blätter.

Die Blüten sind insektenbestäubt. Die Pflanzen kreuzen sich mit anderen Sorten.

**AUSSAAT:** Sie können die Samen breitwürfig im Freien aussäen und leicht mit dem Rechen einarbeiten. Gießen Sie wenn nötig, vereinzeln Sie später. Sonnenblumenkerne sind bei Vögeln und Mäusen allerdings sehr beliebt. Sie können die Pflanzen auch im Haus aussäen, 3 Samen pro 8-cm-Topf. Setzen Sie die Jungpflanzen mit 45 cm Abstand ins Freie, wenn keine Fröste mehr zu erwarten sind.

**KEIMDAUER:** 14 Tage

**PFLEGE:** Kultivieren Sie in voller Sonne in gepflegtem, feuchtem, aber durchlässigem Boden, pH-Wert 5,7–8,5. Sonnenblumen gedeihen aber auch in trockenen, mageren bis durchschnittlichen Böden und müssen nur wenig gegossen und gedüngt werden.

**KRANKHEITEN UND SCHÄDLINGE:** Echter und Falscher Mehltau, Rost; Eulenraupen, Schnecken

**SAMENGEWINNUNG:** Wenn die Blütenköpfe hinten gelb sind, dann warten Sie noch etwa 2 Wochen. Schneiden Sie sie dann ab. Legen Sie sie mit dem Gesicht nach unten in einen Karton mit Luftlöchern, wo sie noch etwa eine Woche lang trocknen sollen. Legen Sie die Köpfe dann auf ein Tuch und schlagen Sie vorsichtig mit einem Stock auf die Rückseite. Entfernen Sie die Samenschalen nicht. Bewahren Sie das völlig trockene Saatgut in einem luftdichten Behälter auf.

**ERFORDERLICH:** Abdecken der Korbblüten mit Tüten • Bestäubungskäfige • Isolation: 1 km

**SCHWIERIGKEIT:** Mittel

**HALTBARKEIT DES SAATGUTS:** 5 Jahre

# WILDE KARDE
## *Dipsacus fullonum*

TROCKENE SAMEN

**PORTRÄT:** Diese zweijährige Pflanze aus der Familie Kardengewächse (Dipsacaceae) ist in Eurasien heimisch. Sie bildet eine Pfahlwurzel. Wilde Karden werden bis zu 2 m hoch und bringen Struktur in den Garten. Sie bilden jedoch viele Samen und können lästig werden, wenn man nicht aufpasst. Karden werden von vielen Bienen und Schmetterlingen besucht, die Samen stellen im Winter eine wichtige Nahrungsquelle für Vögel dar.

Am Stängel sitzen kleine Stacheln. Die lanzettlichen Blätter sind an der Basis stängelumfassend. Vom Hoch- bis in den Spätsommer öffnen sich kleine blasslila Blüten in Ringen an den stacheligen, eiförmigen Blütenständen. Die Blütenstände sind von nach oben gekrümmten Hochblättern umgeben.

Die Blüten sind insektenbestäubt.

**AUSSAAT:** Säen Sie von April bis Mai oder von August bis Oktober im Freien aus und arbeiten Sie die Samen mit einem Rechen leicht ein. Im zeitigen Frühjahr können Sie das Saatgut im Haus in einer Saatschale mit feuchtem Anzuchtsubstrat verteilen und dünn mit Substrat bedecken. Stellen Sie die Saatschale an eine warme Stelle. Pflanzen Sie die Sämlinge in 8-cm-Töpfe, wenn sich die ersten echten Laubblätter entwickelt haben. Setzen Sie die Pflänzchen 3 Wochen später mit 80 cm Abstand in den Garten. Zur Samengewinnung müssen sie überwintern.

**KEIMDAUER:** 7–30 Tage

**PFLEGE:** Kultivieren Sie in voller Sonne oder im lichten Schatten, die meisten durchlässigen Böden eignen sich, pH-Wert 6,0–6,5.

**KRANKHEITEN UND SCHÄDLINGE:** Blattläuse

**SAMENGEWINNUNG:** Lassen Sie die Fruchtstände nach der Blüte an der Pflanze braun werden. Schneiden Sie sie dann mit einem 20 cm langen Stiel ab und stecken Sie sie in einen Kissenbezug. (Tragen Sie dabei Handschuhe.) Hängen Sie diesen Beutel im Haus eine Woche lang zum Trocknen auf und klopfen Sie die Fruchtstände dann gegen die Seiten eines Eimers. Bewahren Sie die getrockneten Samen in einem luftdichten Behälter auf.

**ERFORDERLICH:** Abdecken der Blütenstände mit Tüten • Isolation: 800 m

**SCHWIERIGKEIT:** Mittel

**HALTBARKEIT DES SAATGUTS:** 6+ Jahre

# WIESEN-SCHAFGARBE
## *Achillea millefolium*

TROCKENE SAMEN

**PORTRÄT:** Die mehrjährige Wildblume ist in Eurasien heimisch. Sie gehört wie Sonnenblumen zur Familie der Korbblütler (Asteraceae) und hat angenehm duftende, fiedrige Blätter, die seit langer Zeit zur Wundheilung, zur Linderung von Erkältungen und bei Verdauungsbeschwerden eingesetzt werden. In der Natur wächst die Schafgarbe auf Wiesen und an Wegrändern. Es gibt Gartensorten in verschiedenen Rot- und Gelbtönen. Die großen Blütenstände locken Marienkäfer, Bienen und Schmetterlinge an. Auch Vögel verwenden die Blätter angeblich manchmal für ihre Nester. Im Beet soll Schafgarbe Schädlinge vertreiben.

Die Blüten sind insektenbestäubt. Die Pflanzen kreuzen sich mit Gartenformen.

**SAMENGEWINNUNG:** Säen Sie im April breitwürfig im Freien aus und arbeiten Sie die Samen mit einem Rechen leicht ein. Im Haus können Sie die Samen im März in einer Saatschale auf feuchtem Anzuchtsubstrat ausbringen. Bedecken Sie sie nicht mit Substrat, denn Licht fördert die Keimung. Stellen Sie die Saatschale in eine Schüssel und wässern Sie von unten. Wenn sich die ersten echten Laubblätter entwickeln, pflanzen Sie die Sämlinge in 8-cm-Töpfe um. 2 Wochen später setzt man sie mit 30 cm Abstand ins Freie.

**KEIMDAUER:** 7–30 Tage

**PFLEGE:** Kultivieren Sie in der vollen Sonne oder im Halbschatten. Schafgarbe toleriert Trockenheit und bevorzugt magere, durchlässige Böden, pH-Wert 4,7–8,0.

**KRANKHEITEN UND SCHÄDLINGE:** Echter Mehltau; Blattläuse

**SAMENGEWINNUNG:** Wenn die Samen reifen, färbt sich der Blütenstand allmählich braun und zieht sich zusammen. Wenn man ihn zerreibt, fallen die kleinen Samen heraus. Zwicken Sie die Blütenstände ab, um sie in eine Papiertüte zu stecken. Legen Sie diese dann mehrere Wochen zum weiteren Trocknen in einen flachen Karton mit Luftlöchern. Reiben Sie anschließend die Samen in eine Schüssel, sieben Sie das Saatgut aus, lassen Sie es weitertrocknen und bewahren Sie es in einem luftdurchlässigen Behälter auf.

**ERFORDERLICH:** Bestäubungskäfige • Isolation: 800 m

**SCHWIERIGKEIT:** Einfach

**HALTBARKEIT DES SAATGUTS:** 5 Jahre

# Fragen und Antworten

**F** Was mache ich, wenn mein Saatgut schimmelt?

**A** Wahrscheinlich sind die Samen feucht geworden. Sie können sie nicht länger aufbewahren. Mein Vorschlag: Säen Sie die Samen aus und warten Sie ab, was passiert. Wenn Sie Saatgut trocknen, sollte der Ort immer gut belüftet sein. Erst wenn die Samen völlig trocken sind, können Sie sie in einem luftdichten Behälter aufbewahren.

**F** Wie erkenne ich, ob mein Saatgut noch lebt?

**A** Sie können es testen, indem Sie einige Samen in ein Glas mit Wasser legen. Samen, die noch am Leben sind, sinken normalerweise auf den Grund des Glases, während abgestorbene Samen an der Wasseroberfläche schwimmen. Natürlich können Sie auch einige Samen aussäen und beobachten, ob sie keimen.

**F** Was mache ich, wenn meine Sämlinge schimmeln und absterben?

**A** Die Ursache ist Übergießen. Leider sind die Sämlinge nicht zu retten. Werfen Sie die Saat auf den Kompost und säen Sie neu aus.

**F** Wie erkenne ich, ob die Samen an der Pflanze völlig ausgereift sind?

**A** Samen verschiedener Pflanzen reifen zwar unterschiedlich, die Hinweise sind aber ähnlich: Der Fruchtstand färbt sich braun und trocknet, bis die Samen schließlich entlassen werden. Beobachten Sie den Prozess ein Jahr lang und machen Sie sich Notizen. Im folgenden Jahr wissen Sie besser Bescheid und können die Samen ernten, wenn sie reif sind und bevor die Pflanze sie entlässt.

**F** Brauche ich viel Platz, um Samen zu trocknen?

**A** Nein. Ich trockne meine Samen in meiner Küche in Papiertüten oder in Pappkartons, in die ich Löcher gebohrt habe. Manche trockne ich sogar in Bücherregalen in warmen Räumen. Temperaturschwankungen können sich negativ auf die Haltbarkeit auswirken, deshalb ist es wichtig, die Samen nicht monatelang trocknen zu lassen. Bewahren Sie sie danach an einem kühlen Ort in luftdichten Behältern auf.

**F** Welches Saatgut sollte ich zum Tausch anbieten?

**A** Tauschen Sie nur überschüssige Samen. Legen Sie immer genügend Saatgut zurück, das Sie selbst wieder aussäen können. Es ist sehr ärgerlich, wenn man feststellt, dass man voreilig alle Samen weggegeben hat, obwohl man die Pflanzen selbst wieder aussäen möchte.

**F** Was mache ich, wenn einfach alles schiefgeht?

**A** Die Angst, dass alles schiefgehen könnte, hält sicherlich viele Menschen vom Gärtnern ab. Mein Rat ist: Behalten Sie immer im Hinterkopf, dass jede Pflanze leben will. Deshalb überstehen manche sogar die widrigsten Bedingungen. Ihre Aufgabe ist es, zu tun, was in Ihren Möglichkeiten steht, um Ihren Pflanzen gute Wachstumsbedingungen zu bieten. Aber verzweifeln Sie nicht, wenn etwas nicht klappt. Lernen Sie aus Ihren Fehlern und versuchen Sie beim nächsten Mal etwas anderes. Am wichtigsten ist es, dass Sie Spaß beim Gärtnern haben. Die Natur ist dabei ein guter Lehrmeister.

# Saatgut-Bibliotheken

Hier einige Saatgut-Bibliotheken und ähnliche Einrichtungen in Deutschland, Österreich und der Schweiz:

### LEIBNIZ-INSTITUT, GATERSLEBEN

Zum Leibniz-Institut für Pflanzengenetik und Kulturpflanzenforschung in Sachsen-Anhalt gehört eine öffentliche Saatgut-Bibliothek mit etwa 150 000 Saatgutmustern. Saatgut wird in kleinen Portionen an andere Forschungsinstitutionen, Sammlungen, Pflanzenzüchter und eingeschränkt an private Interessenten abgegeben. www.ipk-gatersleben.de

### SAMENBIBLIOTHEK, PROSPECIERARA

Die schweizerische Stiftung ProSpecieRara unterhält eine Samenbibliothek mit dem Saatgut von etwa 1000 Garten- und Ackerpflanzen. 400 Hobbygärtner vermehren die Sorten und senden per Post ihr gewonnenes Saatgut in die Samenbibliothek zurück. Es werden stets neue Anbauer und Sortenbetreuer gesucht. www.psrara.org

### SORTENARCHIV, ARCHE NOAH

Die österreichische Gesellschaft betreut ein Sortenarchiv, das ähnlich organisiert ist wie die ProSpecieRara-Bibliothek. Sie können »Pate« für eine Sorte werden. www.arche-noah.at

### VEREIN ZUR ERHALTUNG DER NUTZPFLANZENVIELFALT

Auch als Mitglied des deutschen Vereins können Sie die Patenschaft für eine Sorte übernehmen. www.nutzpflanzenvielfalt.de

# Glossar

**BIODIVERSITÄT** Die Vielfalt der Lebewesen auf der Erde.

**BIOTECHNOLOGIE** Die Wissenschaft, die sich mit der Nutzung lebender Organismen oder deren Zellen in technischen Anwendungen befasst.

**BREITWÜRFIG AUSSÄEN** Man streut die Samen aus der Hand oder der Packung so gleichmäßig wie möglich auf dem vorbereiteten Boden aus.

**DOLDENBLÜTLER** Die Mitglieder der Familie Apiaceae bezeichnet man auch als Doldenblütler. Von einem Punkt aus entspringen Blüten an gleich langen Stielen. Die flachen Blütenstände der meisten Arten sind zusammengesetzte Dolden: Am Ende der Verzweigung erster Ordnung sitzen wieder Dolden (Döldchen genannt).

**EINJÄHRIGE PFLANZE** Eine Pflanze, die innerhalb einer Wachstumssaison keimt, blüht, Samen bildet und abstirbt.

**EPIPHYT** Eine Pflanze, die auf einer anderen Pflanze wächst und von ihr gestützt wird. Epiphyten sind keine Parasiten. Sie nehmen Wasser und Nährstoffe aus der Atmosphäre auf. Man nennt sie auch Aufsitzerpflanzen.

**ETHNOBOTANIK** Die Wissenschaft vom Studium der Pflanzen im Hinblick auf ihre Verwendung bei unterschiedlichen Völkern und Kulturen.

**F1-GENERATION** Eine Nachkommengeneration genetisch unterschiedlicher Pflanzen. Die erste Generation nennt man F1-Generation, die zweite Generation F2-Generation usw.

**FLÜSSIGER STICKSTOFF** Stickstoff in flüssiger Form wird als Kältemittel zur Aufbewahrung biologischer Materialien bei sehr niedriger Temperatur eingesetzt, denn er kann Temperaturen weit unter dem Gefrierpunkt von Wasser aufrecht erhalten. Der Gefrierpunkt von Stickstoff liegt bei −210 °C, der Siedepunkt bei −196 °C.

**FREMDBESTÄUBUNG** Der Pollen der Blüte einer Pflanze wird auf eine Blüte einer anderen Pflanze übertragen.

**FRUCHTSTAND** Wenn sich aus den Blüten eines Blütenstands Früchte entwickelt haben, spricht man von einem Fruchtstand.

**GENETISCHE DRIFT** Die Veränderung der Genvariationen einer Population im Lauf der Zeit. Genetische Drift passiert, weil Gene zufällig von einer Generation zur nächsten weitergegeben werden. Sie findet meist bei kleineren Populationen statt, weil deren Genpool (die Gesamtheit aller Genvariationen der Mitglieder der Population) kleiner ist.

**HAUBE** Eine schützende Abdeckung für Pflanzen im Freiland, oft Cloche (aus dem Französischen) genannt.

**HERBARIUM** Eine Sammlung getrockneter und gepresster Pflanzen oder Pflanzenteile auf Papierbögen. Herbarien werden zur wissenschaftlichen Dokumentation angelegt.

**HERBIZID** Die Substanz wird ausgebracht, um Unkräuter abzutöten.

**HYBRIDISIERUNG**
Die Kreuzung verschiedener Sorten oder Arten. Als Hybriden bezeichnet man die Nachkommen. Hybridisierung kommt in der Natur vor. Sie kann auch künstlich durch menschliche Eingriffe erzeugt werden.

**IN VITRO** Ein Experiment oder Verfahren findet außerhalb eines lebenden Organismus in einer künstlichen Umgebung statt, beispielsweise in einem Reagenzglas.

**KALTER KASTEN** In der nicht geheizten, kistenartigen Konstruktion mit einem aufklappbaren Deckel aus Glas oder durchsichtigem Plastik können Jungpflanzen abgehärtet werden.

**KORBBLÜTLER** Die Mitglieder der Familie Asteraceae bezeichnet man auch als Korbblütler. Ihre Blütenstände, die sogenannten Korbblüten, sind aus vielen Einzelblüten zusammengesetzt. Bei der Sonnenblume beispielsweise befinden sich in der Mitte zahlreiche kleine Röhrenblüten, die von einem Kranz auffälliger Zungenblüten umgeben sind.

**ÖKOSYSTEM** Die biologische Interaktion einer Gemeinschaft von Lebewesen in ihrer unbelebten Umwelt.

**PATENT** Ein gewerbliches Schutzrecht für eine Erfindung.

**PESTIZID** Eine Substanz, die eingesetzt wird, um Organismen abzutöten, die Schäden an Nutzpflanzen anrichten. Insektizide wirken gegen Insekten, Fungizide gegen pilzliche Krankheitserreger.

**PH-WERT** Ein Maß dafür, wie sauer oder alkalisch der Boden oder eine Lösung ist. Die Skala reicht von 0 bis 14. Ein pH-Wert von 7 steht für neutral. Ein Wert über 7 bedeutet alkalische, ein Wert unter 7 saure Verhältnisse.

**SAATGUT-KAMPAGNE**
Eine Bewegung, die sich für die Rechte der Bauern und Bäuerinnen im Umgang mit dem Saatgut aus eigener Ernte einsetzt. Auch Saatguthändler engagieren sich in der Saatgut-Kampagne, die sich bereits in den 1930er-Jahren formierte.

**SAMENFEST** Samen, die die charakteristischen Merkmale der Elternpflanzen an die Nachkommen weitergeben.

**SCHOSSEN** Pflanzen gehen rasch zur Blütenbildung über.

**SELBSTBESTÄUBUNG** Eine Blüte wird von ihrem eigenen Pollen bestäubt, der von den Staubbeuteln auf die Narbe gelangt.

**SKARIFIZIEREN** Das Anritzen oder Aufrauen der Samenschale, um die Keimung des Samens anzuregen.

**SPALTFRUCHT** Die kleine, trockene Frucht der Doldenblütler, die nach dem Reifen in zwei Teile zerfällt.

**STAUDE** Die Pflanze hat eine Lebensdauer von mehr als zwei Jahren. In kühleren Klimaten sterben die oberirdischen, krautigen Teile der meisten Stauden im Winter ab.

**STRATIFIZIEREN** Eine Vorbehandlung von Saatgut, indem man es in feuchter Erde oder Sand lagert, um das Keimen zu fördern: Es wird niedrigen Temperaturen ausgesetzt, um die Kälteeinwirkung im Winter nachzuahmen.

**WURZELBALLEN** Die Wurzeln einer in einem Topf gezogenen Pflanze und das Substrat, das sie umgibt.

**ZWEIJÄHRIGE PFLANZE** Die Pflanze braucht zwei Jahre, um ihren biologischen Lebenszyklus vollständig abzuschließen.

# Register

## A

Abdeckungen 60
Alte Sorten 18, 51
Ampfer 103
Angiospermen 35
Anzucht von Pflanzen 57–66
Asia-Salate 100
Aubergine 26, 42, 70
Aufbewahrung von Saatgut 39, 40–41, 54
Aussaat 59

## B

Basilikum 88
Bedecktsamige Pflanzen 35
Bedeutung von Pflanzen 48
Befruchtung 26
Behälter 54
  aus Plastikflaschen 58
Bestäubung 18, 24, 25, 26, 43
  von Hand 27
Bestäubungskäfige 18, 43
Bewässerungshilfe 58, 61
Bezug von Saatgut 38–39
Biodiversität 16, 33
Biologie von Samen 28–30
Blumen 107–121
Bohnen 44
Bolivianischer Koriander 94
Borretsch 89

## C

Chili 75

## D

Dreschen 43, 44
Düngen 63, 65

## E

Erbse 26, 44, 81
Echte Kapuzinerkresse 99
Echter Pastinak 80
Eigene Samenbank 53–56
Einjähriges Silberblatt 113

## F

Fenchel 93
Fermentieren 45, 46
Feuchte Samen 45
Feuer-Bohne 83
Fortpflanzung 24, 25

## G

Garten-Ringelblume 115
Gemüse 69–106
Genetische Drift 18
Gentechnik 16, 20–21
Gießen 61
Gründünger 65
Gurke 27, 45, 96
Gymnospermen 35

## H

Haltbarkeit von Saatgut 40–41

## I

Isolation 18, 42, 66

## K

Kapuzinerkresse, Echte 99
Karde, Wilde 120
Karotten 44, 73
Keimfähigkeit 28, 52
Keimruhe 25, 28, 29
Keimung 25, 28–29
  Phasen 28
Klee 108
Kleiner Wiesenknopf 102
Knollen-Sellerie 74
Kopfkohl 72
Koriander 42, 90
Kornblume 109
Kornrade, Gewöhnliche 110
Kräuter 87–94
Küchenzwiebel 79
Kultur, Saatgut und 22
Kürbis 25, 27, 45, 82

## L

Lauch 77
Lichtnelke, Rote 118

## M

Mais 44, 85
Millennium Seed Bank 40, 41, 52
Mohn 26, 116
Mulchen 60

## N

Nacktsamige Pflanzen 35
Navdanya 16, 51

## O

 Offene Bestäubung 18, 32, 39
Okra 78

## P

Pastinak, Echter 80
Pflanzen für Salate 95–106
Pflanzgefäße 58
Pikieren 62
Porree 77

## Q

Quinoa 106

## R

Rettich, Radieschen 101
Ringverteilung für Saatgut 14
Römische Kamille 91
Rote Bete 42, 71
Rote Lichtnelke 118
Roter Scheinsonnenhut 111

## S

Saatgut gewinnen 42–46
Saatgut-Bibliotheken 17, 123
Samenbanken 48–52
»Saving Our Seeds« 51
»Seed Savers Exchange« 51
Universidad Politécnica
de Madrid (UPM) 50
Samen beschaffen und bewahren
37–46
Samenkauf 38–39
Samentausch 11–17, 55, 56
Samenvielfalt 35
Sauerampfer 103
Saatgut-Kampagne 16–17
Saatgutkonzerne 16, 21
Salat 42, 98
Samenbomben 16, 17
Scheinsonnenhut, Roter 111
Schlüsselblume, Stängellose 117
Schnittlauch 92
Schwarzkümmel 114
»Seedy Sunday« 16
Setzlinge auspflanzen 64–65
Seychellennuss 35
Shiva, Vandana 12, 16, 51
Silberblatt, Einjähriges 113
Sonnenblume 27, 42, 119
Speiserübe 86
Spinat 104
Stangen-Sellerie 97
Steckrübe 84
Stockrose, Gewöhnliche 112
Substrate 58
Svalbard Global Seed Vault 50

## T

Tauschbörse 14
Tauschkreis für Saatgut 15, 32

»The Safe Seed Pledge« 21
Tierwelt 33
Tomate 26, 42, 44, 45, 105
Trockene Samen 44
Trocknen von Samen 41

## U

Umtopfen 63

## V

Verbreitung der Samen 24–25,
30
Vielfalt der Kulturpflanzen 35

## W

Wawilow, Nikolai 34, 51
Wawilow-Institut 51
Welttreuhandfonds für Kultur-
pflanzenvielfalt 50
Weltweiter Saatgut-Tresor auf
Spitzbergen 50
Wiesenknopf, Kleiner 102
Wiesen-Schafgarbe 121
Wilde Karde 120
Worfeln 43, 44

## Z

Zucchini 44, 76

# Dank und Bildnachweis

Dieses Buch ist meiner Familie gewidmet, die mich immer unterstützt hat. Meine drei wunderbaren Söhne haben mir während meiner Arbeit unzählige Tassen Tee gekocht und mich ertragen. Ganz besonders danke ich auch Steve, der an mich geglaubt und meine wunderlichen Ideen mit mir diskutiert hat. Meine liebe Mama war eine Quelle der Inspiration und mein Vater heiterte mich immer wieder auf. Auch meinen Geschwistern Amy und Azza danke ich für ihre Unterstützung und meiner kleinen Schwester Rose für ihre Freundschaft und den Spaß, den wir gemeinsam hatten. Sie hat mir im Leben immer dann geholfen, wenn ich sie am meisten gebraucht habe. Meinen Schwiegereltern Brian und Sheila danke ich dafür, dass sie wundervolle Eltern und Großeltern sind. Und meinen Freunden in Wales, Brighton und anderswo bin ich sehr dankbar, dass sie mich unterstützt und an mich geglaubt haben!

Und ganz besonders widme ich alles Gute, was ich bewirken kann, meiner Schwester Holly, der schönsten Blume im Garten des Himmels.

Mein Dank gilt außerdem: Monica Perdoni für ihren unerschütterlichen Glauben an mich; Ivy Press dafür, dass man meine Arbeit begrüßte; Vanessa von der Millennium Seed Bank für ihre Führung und ihre Ermunterungen; all denen, die sich beim »Seedy Sunday« in Brighton engagieren.

Vananda Shiva danke ich für ihre inspirierende Arbeit.

Ich danke zudem allen Lesern dieses Buchs. Sie sind die künftige Gemeinschaft der Saatgut-Bewahrer.

## Bildnachweis

Der Verlag dankt folgenden Personen und Institutionen für die freundliche Genehmigung zur Verwendung ihrer Fotos:

Brighton and Hove Food Partnership 60 (ul, ur); Corbis (u) 16 (u), 48 (u), 50, 51 (o); FLIKR Kirsten 22 (o), Vidya Crawley 33 (m), Christian Guthier 38 (u), Rebecca Farmer 38, 39 (u), Wisconsin Department of Natural Resources 42, Steve Evans 43 (o), 58, Paul Downey 59 (o), AnneCN 59 (u), Irene Knightly 64, Christian Guthier 65 (o); Fotolia 18–19, 20, 22 (u), 23, 26–27, 28–29, 30–31, 40 (u), 46 (o), 48 (u), 57, 60 (o), 62–63, 65 (o), 66–67, 68–69, 70–71, 72–73, 74–75, 76–77, 78–79, 80–81, 82–83, 84–85, 86–87, 88–89, 90–91, 92–93, 94–95, 96–97, 98–99, 100–101, 102–103, 104–105, 106–107, 108–109, 110–111, 112–113, 114–115, 116–117, 118–119, 120–121, 127 (u); Garden Organic 46 (m, ur); Neal Grundy 12 (o), 16 (o), 17; iStock 12 (u), 107, 127 (u); Jim Holden 5 (o), 39, 53 (o,l); Josie Jeffery 24, 43 (u), 44 (u); RBG Kew 9–10, 33 (o), 40 (o), 49 (o), 51 (u), 52, 55, 56; Neil Munro 5 (u), 13, 123, 127 (o), 53 (or), 54; Andrew Perris 11, 14–15, 32, 38, 41, 44 (o), 45, 47, 61; Shutterstock 21, 35; Vanessa Sutcliffe, RBG Kew 49 (u); TopFoto 34.
**Cover:** Flora Press/Christine Ann Föll

Der Verlang dankt den Royal Botanic Gardens Kew für die freundliche Genehmigung, die Fotos auf folgenden Seiten zu verwenden: 9, 10, 33 (o), 40 (o), 49 (o), 51 (u), 52, 55, 56.

Unser Dank gilt außerdem Vanessa Sutcliffe, Royal Botanic Gardens Kew, für ihre Hilfe bei Text und Bildern sowie Vandana Shiva, Satish Kumar, Neil Munro und Ben Raskin für ihre wertvollen Beiträge.